ALIFE

より生命的なAIへ

ALIFE―人工生命―

岡瑞起

BNN
Bug News Network

CONTENTS

Chapter 3 相互作用——72

Chapter 4

集団の進化——104

4-1 自己複製のエラーがもたらす進化——105

Chapter 5

Chapter 6 オープンエンドな進化――160

凡例:
文中の参考文献は[No.]で示し、各章末にまとめた。
図版は[fig.No.]で示し、近い頁に掲載した。2点以上の図で構成される場合は左上から右下にかけて(a)(b)...としている。出典明記のない図は著者作である。

はじめに

「人工生命」という言葉を聞いたことがあるだろうか？　人工知能（Artificial Intelligence：ＡＩ）ではなく「人工生命（Artificial Life：略してＡＬｉｆｅ）」だ。人工知能が「人工的につくられた人間のような知能」であるとすると、人工生命とは「人工的につくられた生物のような生命」のことを指す。

「人工生命の研究をしている」と言うと、大抵のひとにはキョトンとされる。そして必ずといっていいほど聞かれる質問が、人工知能との関係性である。「人工知能とどう違うのですか？」。世間一般の人の人工知能に対する認識からすると、人工生命を人工知能の一部と捉えても間違いではない。それほど人工知能という言葉の意味する対象が、この10年で大きく広がった。

もともとは人工知能という研究分野を指す、研究者が使う言葉だったが、今では単純な制御プログラムが搭載された家電製品から、データをもとに知識を学習する自動翻訳機、自動運転車に至るまで、人工的なプログラムを搭載したあらゆるものが人工知能と呼ばれている。

では、人工生命は人工知能と同じものであるかというと、厳密にはそうではない。

人間は、自然界に存在する多様な生命のうちのほんのひとつの生命のかたちでしかない。40億年前に地球が誕生し、自分自身を複製する分子が生まれると、自己複製と突然変異が繰り返され、枝分かれし、進化の系統樹を数十億年にわたってつくり出した。そして、現在の地球は、人間以外の生命であふれている。動物、植物、昆虫など、多様な生命のかたちがあり、発見されている生物種だけでも約870万種、まだ正確に分類されていない未知の生物も加えると、その数は3000万種にも及ぶという。

人工生命の究極の目標は、今も続くこの進化の系統樹を人工的につくり出すことだ。人工知能研究者が、人間のような知能をコンピュータで実現できると考えているように、人工生命研究者は、自然の進化が生み出すような終わりのない進化をコンピュータで実現できると考えている。それは、人工知能の研究が、人間レベルの知能の実現＝汎用人工知能（Artificial General Intelligence：略してＡＧＩ）をつくり出すことを目指しているのと同じくらい壮大な目標である。

自然の進化が生み出すような終わりのない進化を、「オープンエンド」な進化と呼ぶ。もし、オープンエンドなアルゴリズムをつくり出すことができれば、どんなことが可能になるだろうか。

オープンエンドな自然の進化が生み出してきた多様な生き物をみると、その創造力は計り知れないものがある。それをアルゴリズムに落とし込めれば、新しい商品をつくる、新しいデザインをつくる、新しい研究のアイデアをつくるといった、斬新なサービスや技術を次々と生み出すようになるかもしれない。ビデオゲームやＶＲ、ＡＲの世界は、自然の生態系のような豊かさをもち、果てしない冒険と発見を提供するようになるだろう。

人間の知能も進化の過程で生まれてきたものだ。終わりのない進化をし続けるシステムを人工的につくり出すことができれば、その過程には、もしかすると、人工知能のようなものが現れるかもしれない。実際、Google Brain、DeepMind、OpenAIといった人工知能研究をリードする研究組織が、学習し続ける「オープンエンドなシステム」をつくるための重要な技術として、人工生命に注目し始めている（ＩＣＭＬ：International Conference on Machine Learningや、ＩＣＬＲ：International Conference on Learning Representationsといった人工知能の主要な国際会議で、オープンエンドに関するチュートリアルやワークショップが次々と開催され、注目を集めている）。

オープンエンドな進化を通じて、生物のような生命を人工的につくり出す。夢物語に思えるだろうか。一体どんな方法でそんなことが可能になるのか。本当に何か役に立つものになるのか。そんな疑問を抱くかもしれない。人工生命の分野に出会った10年前のわたしも全く同じことを感じた。それでも、壮大な目標と「生命」という言葉に惹かれ、この分野に飛び込んだ。そして、この目的が決して夢物語でないことを学んだ。本書を読めば、それを感じてもらえるはずだ。たとえば、これまでの人工生命研究の歴史がもたらしたひとつの大きな知見は、単純なルールから複雑な現象が創発してくることだ。この規則が進化にもあてはまるとしたら、進化の過程で創発してきた知能が非常に複雑なものでも、それをつくり出すルールはシンプルなものかもしれないのだ。

本書を読み進めるうえで、人工知能や人工生命の知識は特に必要ない。取り上げる技術に関しても、技術的な詳細には深入りしすぎず、その背景にある概念や目的をわかりやすく提示することに取り組んだつもりだ。

人工生命という言葉をはじめて聞いてこの本を手に取ってくれた読者の方には、実は日常生活の中で何気なく行っている動作や行為、人と環境との相互作用を理解することが、人工生命研究の発展に大きく関係していることを知ってもらうことで、人工生命という分野により親しみをもっていただけると思う。また、生活のあらゆるところに存在する人工知能に、人工生命が加わることで、人工知能と人とのより良い関係を築けるようになることが理解いただけると思う。

人工知能をすでにビジネスに取り入れている、あるいは、取り入れたいと思っているビジネスパーソンには、なぜ世界の人工知能研究をリードする組織が人工生命に注目しているのかわかってもらえると思う。人工知能のブレイクスルーとなるかもしれない人工生命について知ることで、先見性をもって事業を発展させることに役立てられるかもしれない。

人工知能の研究開発を行う研究者、エンジニア、学生は、人工生命を取り入れることで、新たな視点から、研究、サービス、プロダクトの開発にアプローチできるようになるはずだ。人工生命を取り込むことで生まれる新しい創造性の力は、より良い成果につながるかもしれない。人工知能を自分のクリエイションに活かしたいと考えているクリエイターにとっても、創造性の幅を広げるためのきっかけになるはずである。

すでに人工生命という分野を知っている方は、本書を読むことで、遺伝的アルゴリズムといった最適化方法だけを扱っている分野ではないことをわかってもらえると思う。

本書のCh.1のテーマは「人工生命とは何か」だ。生命という哲学的なテーマを、どうやって構成論的に、つまり人工的につくる科学的な問題に、変換しているのかを説明する。この章を読むことで、生命科学や生物学、そして人工知能との違いが理解できるはずだ。

Ch.2からCh.4では、オープンエンドな進化に至るための、人工生命のアプローチを整理した。Ch.2では、「ルンバ」など「身体知」や「進化」に支えられた人工生命について述べ、Ch.3では、個では実現できない、集団が可能とする創発現象を生み出す人工生命のエージェントモデルを紹介する。Ch.4では、「進化」をさらに掘り下げ、個体間の相互作用がもたらす共進化の仕組みを説明する。この3つの章を読むことで、「身体知」、「創発現象」、「進化」という、人工生命における重要な3つの概念と、それらがどのように社会応用されてきたかが理解できるはずだ。

Ch.5では、進化を遂げる人工システムであるインターネットの分析を通して、オープンエンドな進化に必要な要素をみていく。

そして、Ch.6では、オープンエンドな進化を目指した、具体的なアルゴリズムを説明する。この章を読めば、オープンエンドなアルゴリズムの面白さや、それが「使える」技術であることがわかるはずだ。これが伝われば、本書はその役割を果たしたことになる。

終章は、人工生命の可能性に関する話だ。人工生命がこれまでに培ってきた概念や、オープンエンドな進化は、人工知能研究からも注目を集め出していることを説明する。これまでの人工知能のアプローチとは異なる方法でブレイクスルーを示し始めているのである。膨大なデータが重要となる現在の人工知能技術において、日本は世界に遅れをとっているといわれている。本章を読むことで、人工生命技術は、その遅れを取り戻すひとつの方法になるかもしれないことを感じとってもらえると思う。

人工生命の概念や技術を理解するのは少々骨が折れることかもしれないが、ぜひ最後までお付き合いいただきたい。本書を最後まで読み終える頃には、あなたの「人工生命」に関する理解だけでなく、わたしたち人間を含む、生命への理解がより深まっているはずだ。そして、人工生命のもたらす生命的な概念や技術が、わたしたちの創造性を拡張したり、より生きやすい社会にしたりしていくためのヒントになることを祈っている。

Chapter 1

人工生命とは何か

1—1 新たな自然をつくり出す

生命を人工的に再現する

人工生命は、生命を人工的に再現することで、「生命とは何か」を探求する分野である。地球に存在する生命を構成しているのは、細胞やＤＮＡである。そのため、「生命を人工的に再現する」というと、クローン細胞や幹細胞などの遺伝子工学によって生命をデザインすることを目的としていると思う人も多いかもしれない。

しかし、人工生命は、細胞やＤＮＡではないものから生命をつくり出そうとしている。たとえば、コンピュータなどから生命をつくり出すことを通して、生命を理解しようとしているのだ。

どうやったらそんなことができるのだろうか。それには、生命という抽象的な概念をそのまま扱うのではなく、生命の活動の一部を真似する技術をつくり出し、実現する。生命の要素を抽出してみると、実に多くの特徴や性質があることに気づく。たとえば生物は、自他を区別する入れ物をもち、代謝を通じて自己を維持する、環境に適応しながら成長する、子孫を残す、集団を構成し進化する、生態系を形成しながら生命を維持する、といった特徴をもつ。人工生命の歴史は、生命がもつこうした特徴や性質をさまざまな方法で一生懸命真似しようとしてきた歴史でもある。

人工生命のパイオニア

生命の定義とは何か？　生物と非生物を分けているのは何か？　生き物はつくれるのか？こうした生命の本質に関する問題は、哲学における中心的な議題であり、生命を創造するという探求は何世紀にもわたって行われてきた。たとえば、ギリシャ神話に登場する、炎と鍛冶の神とされたヘパイストスによってつくられた青銅の巨人タロス、ユダヤ教の伝承に登場する、ラビ（律法学者）が神聖な儀式と魔法で生み出した泥人形ゴーレムなどは、架空の人工生命体である。

中世からルネッサンス期、そして近代にかけては、からくり人形による生命の模倣が試みられてきた。レオナルド・ダ・ヴィンチの機械仕掛けの騎士（立ったり座ったり、腕を動かしたりする）や機械仕掛けのライオン（前に動き、胸を開いて百合の花を見せる）、ジャック・ド・ヴォーカンソンのアヒル（食べたり、飲んだり、消化したり、排泄したりする）といった、人工生命体を実際につくろうとした多くの先行事例がある。

このように、生命を人工的につくろうという試みは人工生命という分野ができる前から行われている。しかし、1951年にフォン・ノイマン（von Neumann）という有名な科学者が、生命の基本的な特性を理解しようとしたときに、最初の正式な人工生命モデルをつくった、というのが人工生命研究者の一般的な見解だ[1]。

ノイマンは、それまで複雑すぎて、あるいは抽象的すぎて人間の手では太刀打ちできなかった生命の領域に「数学的」に切り込んだ。生命の「自己複製」、つまり自分自身のコピーをつくるための理論に取り組んだといえる[2]。そのためにノイマンがまず行ったことは、「自己複製は機械にも可能か？」という問いを立てることであった。ここに、あたかも数学の定理を証明するかのように、生命の自己複製を考えたノイマンの姿勢がみえる。

そして、ノイマンは「設計図」を解釈すると複製をつくることができる「マシン」と、解釈されずにそのままコピーされる「テープ」に分けることを思いつく。つまり、設計図をコンピュータプログラムのように実行することで、自分自身（マシン）をつくり出すこともできるし、設計図を単なるテープのような記号列として扱うことでコピーしてもつことができるようになることに気づいたのである。

設計図を一方では「マシン」として、他方では単なる「テープ」として二義的に扱うということは、実は、ＤＮＡが行っていることと同じ方法である。ＤＮＡはさまざまなタンパク質の「設計図」であり、タンパク質は細胞内でさまざまな「マシン」として機能する。特に、リボソームと呼ばれるタンパク質は、ＤＮＡに書き込まれた設計図をもとに、あらゆるタンパク質をつくり出せる万能マシンだ。そして、リボソームがつくり出すタンパク質の中には、ＤＮＡポリメラーゼと呼ばれる「コピー機」も存在する。ＤＮＡは、リボソームに対しては、タンパク質をつくり出す設計図として機能し、ポリメラーゼに対しては、単なる記号列として扱われコピーされる。

ノイマンはワトソンとクリックによって１９５３年にＤＮＡが発見されるよりも前に、自己複製には自分自身の設計図を記述するものが必要であることを見抜いていた。自己複製をする機械をつくり出そうとする過程で、どのような条件が必要かという新たな発見を得たのだ。

もうひとり、それまで抽象的な概念であった生命のもつ性質を、構成論的に科学として扱える問題に変換したのが、イギリスの数学者アラン・チューリング（Alan Turing）だ。チューリングは、現代のコンピュータの基本的な原理を定義した人工知能のパイオニアである。また、映画『イミテーション・ゲーム』で詳細に描かれているように、第二次世界大戦中にドイツ軍のエニグマという暗号を解読するのに貢献した人物としても知られている。しかし、チューリングが行ったことはそれだけではない。実は、人工生命の発展においても偉大な役割を果たしているのだ。それが、チューリングが数々のコンピュータ原理に関する論文を残している中で、一つだけ生物に関して書いている、生物の模様はどのようにつくられるかを示した1952年の出版物だ[3]。

チューリングは、生物のさまざまな模様のパターンは数式で生成することができるとした。それが「チューリング・パターン」という自発的に生じる空間パターンである。人間や動物の身体の中にはそれぞれの形をつくる化学物質があり、それがシマウマのような動物の皮膚にパターンをつくるというのである。そして、この化学反応を「反応拡散方程式」という数式として提案し、実際に生物の模様のようなパターンが生み出されることを示した。ちなみに、チューリングの発見から40年以上の時を経て、日本の生命科学者、近藤滋によって、生物の縞模様がチューリング・パターンであることが実証された[4]。

ノイマンやチューリングの研究が示すように、人工生命はコンピュータを使って、「ありうる生命」をつくり出すことで、「われわれの知っている生命」を理解しようとする。実際、多くの人工生命研究者は、生命システムの特性を人工的につくることで生命システムを理解しようとしている。これまでの研究から、自己複製やパターン形成の他にも、生物の進化を模倣することや、個体が複数集まることによって生まれる集団の創発現象もコンピュータで実現されている。今後の研究が進むと、進化し続ける人工生命が出現し、そうした生命体が新たな生態系や生命圏をつくり出すかもしれない。

ところが、世の中の多くの人にとって、生命の特性をコンピュータのプログラムで実現するというのは、簡単には受け入れがたいことであるようだ。

よくある反応は、「実際の生命はそんな単純なものではない、生命はそれぞれがユニークで、しかも刻々と変化していくではないか」というものである。はたまた、「実在しない生物のシミュレーションに何の意味があるのか」「あたかも生命現象をつくり出しているかのように主張するが、偶然に似た特徴をもったものができているだけではないのか」といった批判もある。

生命をプログラムで実現できるという考え方は、確かに、何か自然に逆らった行為、あるいは生命への冒涜のような気にさせる。生命という尊いものが、コンピュータ上でつくり出せるというのは、にわかに信じがたい。実際、著名な科学者の中にも、「われわれの知っている生命」を「ありうる生命」の図式の中で説明しようとする人工生命のアプローチを否定している人はいる。

たとえば、ハーバード大学の進化生物学者エルンスト・メイヤー(Ernst Walter Mayr)は、天文学や物理学と違い、生物学的な現象に数学的な理論を適用すると説得力が低下する、と述べている。あるいは、『ネイチャー』や『サイエンス』といった著名雑誌に多くの論文を掲載している哲学者のナオミ・オレスケス（Naomi Oreskes）は、どこまで十分な情報に基づいたものなのか、どこまでが便宜的なものなのかなど、自然システムの数理モデルの検証と妥当性の確認は不可能であるとして、人工生命のアプローチに対して懐疑的な見方を示している[5]。

ノイマンやチューリングが数学によって生命を記述しようとしたことは先駆的であり、その当時は広く受け入れられなかったように、生命は数式やコンピュータによってつくり出すことができない特別なものだというのは、誰もがそう願いたいことなのかもしれない。

しかし、生命という抽象的な概念を、仮説的な生命のモデルに一つひとつ落とし込むことで、コンピュータを使ったシミュレーションという実行システムで検証することは可能である。そして、その結果から現実の複雑な現象を読み解くことで、生命を理解する新しい方法を提供する。人工生命はその実現を目指している分野なのである。

強いALifeと弱いALife

人工生命の研究者は世界中にいるが、彼らは人工生命をどう捉えているのだろうか、そして何を目指しているのだろうか。

まずは、現在使われている「人工生命」という言葉を提唱したクリストファー・ラントン（Christopher Langton）の定義をみてみよう[6]。人工生命という分野は、ラントンによって1987年に開催された、第一回人工生命ワークショップによって始まった。ラントンはワークショップ開催にあたって掲げた文章の中で、「人工生命は、生命というものを〝われわれが知っている生命（life-as-we-know-it）〟に限らず、〝ありうる生命（life-as-it-could-be）〟を通して説明しようとするものである」と定義している［fig.1-1］。

ここで、「われわれが知っている生命」とは、地球に存在する生命のことである。われわれの知っている生命の研究は「弱い人工生命」とも呼ばれる。人工知能の研究で、人間の知能を真似したり、それを取り入れて問題解決を行ったりするものを「弱い人工知能」と呼ぶが、それとの対比で生まれた名称だ。

たとえば、身体を活用した知性を実現しているスイスロボットやルンバ（Ch.2で詳しく説明する）、動物の群れをアニメーションで表現するために考え出されたボイドモデル（Ch.3で詳しく説明する）は、弱い人工生命といえる。ボイドモデルの考案者であるクレイグ・レイノルズ（Craig

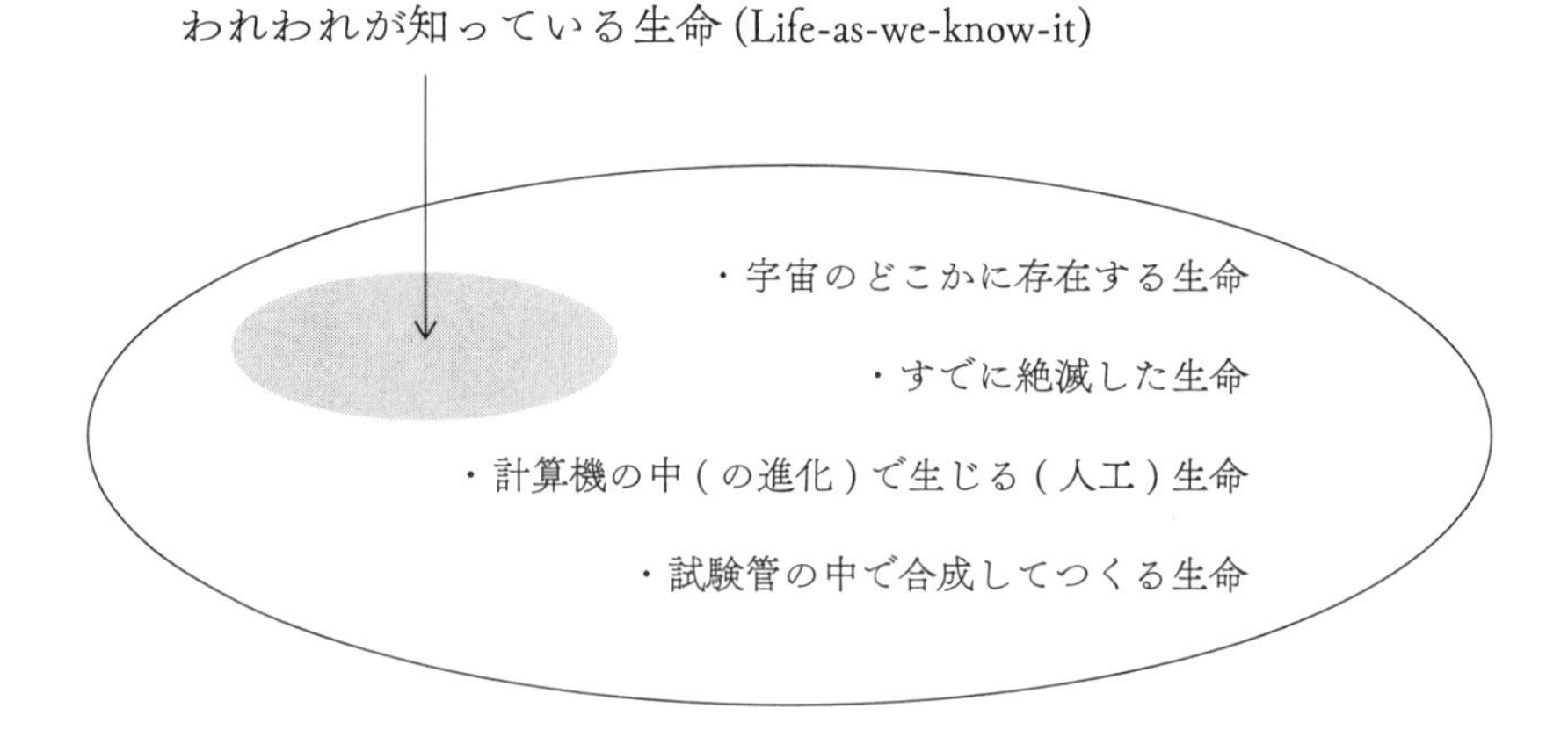

［fig.1-1］「われわれの知っている生命」と「ありうる生命」
有田隆也『心はプログラムできるか』（SBクリエイティブ）を参考に作成

Raynolds）は、実際の鳥の動きを詳細に観察した結果、各々の鳥たちはある規則に従って動いているのではないかと推測し、群れを生み出すモデルを提案した。

　一方、「ありうる生命」というのは、コンピュータプログラムからつくられているものでも、それが「生命に特有の性質をもつ、あるいは生命に特有の振る舞いを示す」限りにおいて、生命とみなし得る、つまり「生きている」と解釈する。この立場を「強い人工生命」と呼ぶ。人工知能の研究で、機械が自分自身で固有の知能をもつものを「強い人工知能」と呼ぶのと同じように、「強い人工生命」はシステムそれ自身が生命であり、自然に存在する特定の生物のモデルではない、という立場をとる。

　たとえば、ノイマンが「自己複製」という生命の本質的な性質を説明したときに用いた「セルラー・オートマトン」という概念は、「強い人工生命」の研究だ。セルラー・オートマトンは、生物とは無関係に開発された抽象的なモデルである。

　カリフォルニア大学のピーター・テイラー（Peter Taylor）は、生態学における「強い人工生命」のモデルを、データへの適合性や仮定の妥当性などによって正当化する必要のない「探索的ツール」と呼んでいる[7]。たとえば、セルラー・オートマトンで、ルールを変更したり初期条件を変えたりすると、システムの挙動がどのように変化するのかをみる。このような「数学的な分析」は、新たな概念や新たな科学的仮説、あるいはモデルをつくり出すのに役立ち、そのことに価値を見出すという考え方だ。

　また、人工生命の研究におけるパイオニアである東京大学の池上高志は、こうした「強い人工生命」によるアプローチを、「実験数学」と呼ぶ。通常の紙と鉛筆で行う数学のことを理論数学とすると、実験数学とは、コンピュータを使いながら計算することで新しい発見をしていく数学のことをいう。実際の生物とは関係のない抽象的なモデルを通して生命の本質を理解しようとすることこそが、「生命とは何か」という質問に答えることができる、という考え方だ。人工生命の研究の役割は、あくまで基礎理論、つまり新しい「実験数学」をつくり出すことであるという池上の強い信念がうかがえる。

弱い人工生命であっても、強い人工生命であっても、人工生命研究者の多くは、ある特定の生物の機能や行動を理解するためというよりは、「それ自体を探求すること」に価値があるものとして人工生命を位置づけている[8]。この点が、生物学研究者と人工生命研究者が異なる点でもある。生物学も計算モデルをごく普通に使うが、それはあくまで、生物の挙動の理解を最大の目的としている。ボイドモデルが実際の鳥の群れの動きやメカニズム、機能をどのくらい説明しているのかに興味があるのが生物学研究者だとしたら、ボイドモデルのルールや、パラメータを変更することで、生み出される群れのパターンがどのように変化するかに興味を向けているのが、人工生命研究者であるといえるかもしれない。

構成論的な対象の理解

人工生命研究者の多くは、生命という複雑な現象の理解を、「構成論的」に行おうとしている。構成論的とは、つくることによって理解するという意味である。ノイマンは機械をつくることによって、「自己複製」という概念を構成論的に理解しようとした良い例だ。

構成論的な方法と相補関係にある方法として、生物学も含め、物理学、化学といった古典的な科学における、自然現象を分析することで理解しようとする「分析的」な方法がある。人工生命学者が、生命を構成論的に理解したいと考えているのに対し、生物学研究者は分析的なアプローチで生物を理解しようとしている。

人工生命には大きく分けて3つの分野があり、それは異なる3つの構成論的方法に対応している。ひとつは本書で主に扱うソフトな人工生命である。生命のような振る舞いを示すコンピュータプログラムによるシミュレーションや、アルゴリズムをつくる。ほとんどの人工生命の研究はソフトなものである。ふたつ目のハードな人工生命は、生命のような働きをするシステムをロボットなどのハードウェアでつくり、最後のウェットな人工生命は、生化学的な物質から生命システムをつくり出す。

もちろん、構成論的な対象の理解は人工生命の専売特許というわけではない。人工知能や認知科学などの分野でも、人工的なシステムをつくることで知能を理解するという方法がとられている。

「生命を構成論的に理解する」という目的からすると、現在の人工生命の研究はまだゴールにはほど遠く、21世紀初頭の現在、生命の全貌を解き明かすには至っていない。個々の生命システムがもつ基本機能である、自己維持、パターンの形成、自己複製といった個別のメカニズムについての理解は進んできたが、一から生命体をつくるレベルには到達していない。

人工生命のグランドチャレンジ：オープンエンドな進化

人工生命が実現していない理由は、人工生命の研究が始まって以来、乗り越えられていない壁と関係している。それは、絶え間なく進化し続ける「オープンエンドな進化（Open-ended Evolution）」をつくり出すことができていない、という問題である［9］。「オープンエンド」とは日本語では、「終わりがないこと」という意味だ。地球はオープンエンドである。地球の進化は終わりなき多様な生命を生み出し続けている。また、人間は独自のオープンエンドなものをつくり出している。たとえば、科学技術の発明や文化は基本的にオープンエンドであり、すべての発明は他の発明への踏み台となって、終わりなき創造的なプロセスを生み出している。

人間のイノベーションや地球の進化にみる、オープンエンドなプロセスをどうやったらつくり出せるのか。どのようなシステムにオープンエンドな進化が起こるのか、そのメカニズムはあるのか、人工的につくり出せるのか。これらの難問は、人工生命におけるグランドチャレンジとして、人工生命研究者が長年取り組んでいる課題だ。オープンエンドな進化を人工的につくり出すことができれば、人工生命へとつながるからだ。

人工知能研究者が、「知能」はコンピュータで実現できると考えているのと同じように、人工生命研究者は、オープンエンドな進化、そしてその先には生命もコンピュータで実現できると考えている。ものを「生み出すシステム」をつくることは、そのものを直接設計するよりも単純であることが多いためである。実際、自然界にみられるさまざまな複雑現象を紐解いてみても、その背後には単純なプロセスが隠れている場合がある。これまでの人工生命研究の歴史も、単純なルールから複雑な現象が創発してくることを見出してきた。そのため、オープンエンドな進化についても、そのプロセスを解明し、必要な条件を明らかにできるかもしれない。もしその条件がわかれば、それは人工生命を実現する有効な手段となるだろう。

オープンエンドな進化は、人工知能を実現する道であるかもしれない。自然界のオープンエンドな進化は、何百億個もの神経細胞と何兆億個ものコネクションをもつ非常に複雑な人間の脳をつくり出した。複雑に進化した脳そのものを人間の手でつくり出すのに比べて、脳をつくり出す「進化のプロセス」そのものをつくり出すほうが簡単な可能性がある。

オープンエンドの進化の可能性はそれにとどまらない。このことを考えるとワクワクするが、知能は自然進化がつくり出した数ある創造物のひとつにしかすぎないのだ[fig.1-2]。終わりのない創造の力をコンピュータの中に取り込むことは、われわれの想像を超える驚きを生み出す可能性がある。詳しくはCh. 6で説明する。

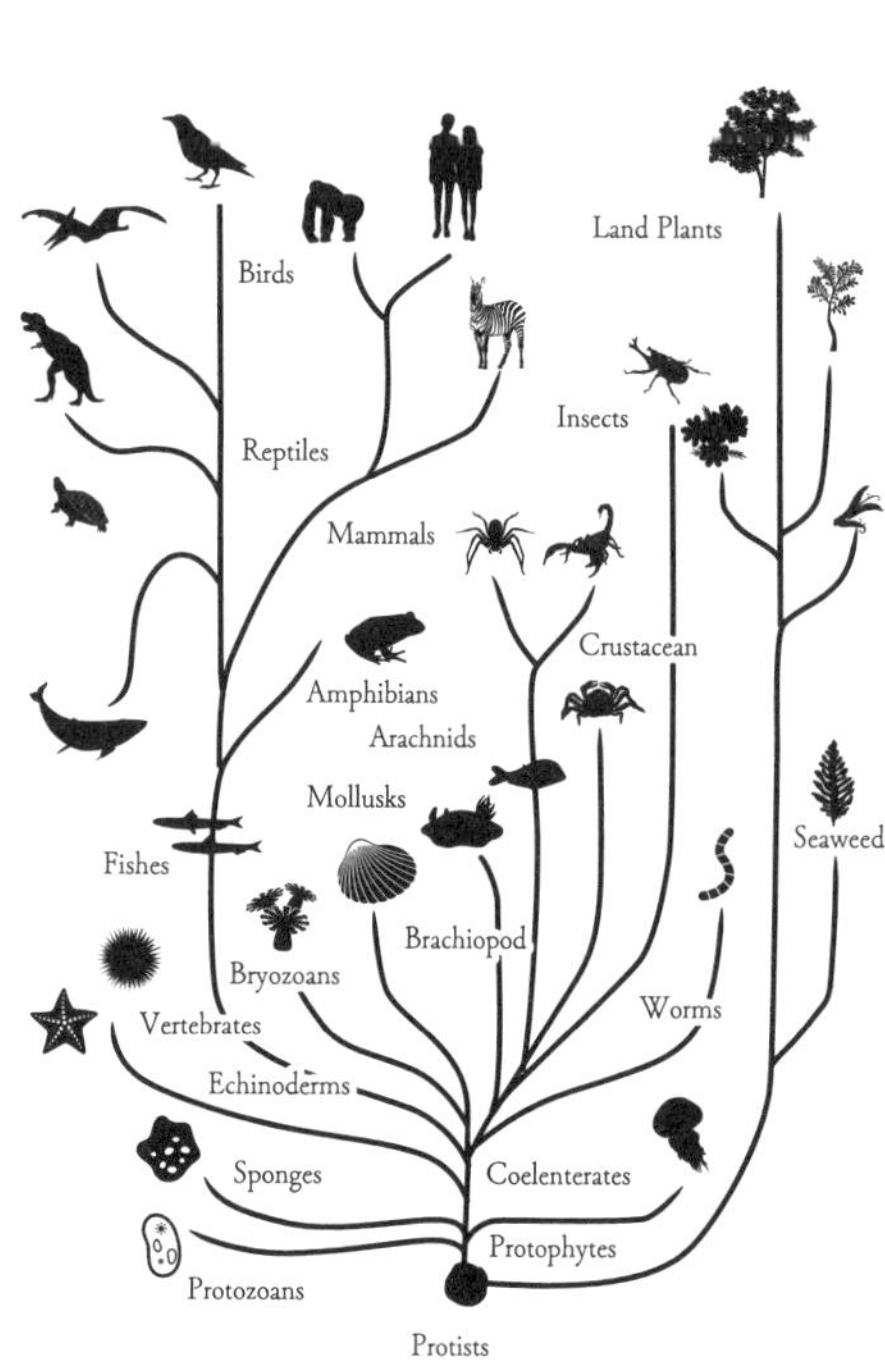

［fig.1-2］生命の樹形図
Nicholas Hotton III『Evidence of Evolution』(Penguin Books)を参考に作成

人工生命の5つのレベル

さて、オープンエンドな進化に至るための、人工生命のアプローチを整理すると、次のようなレベル1からレベル5の5段階に分けることができる[fig.1-3]。

レベル1 生命の基本機能を実現する人工生命

レベル1は、初期の人工生命研究で多く行われたものであり、自己形成、自己維持（代謝）、自己複製（成長し子孫を残す）、といった生命の基本機能を構成論的に理解する研究が該当する。「チューリング・パターン」は自己形成に関するものであるし、ノイマンは自己複製に関するモデルだ。本書では扱っていないが、神経生物学者フランシスコ・ヴァレラ（Francisco Varela）によって提唱された「オートポイエーシス（autopoiesis）」は、セルラー・オートマトン上での自己修復や自己維持を実現する[10]。こうしたモデルにより、個々の生命システムがもつ個別のメカニズムについての理解が進んでいる。本書では、これらをレベル1の人工生命と呼ぶことにしよう。

レベル2　身体と環境の相互作用を取り入れた人工生命

レベル2は、実世界の環境を身体を通して取り込み、生命的な振る舞いを生み出す人工生命だ。お掃除ロボット「ルンバ」をつくり出したロドニー・ブルックス（Rodney Brooks）の「サブサンプション・アーキテクチャ」や、ロルフ・ファイファー(Rolf Pfeifer）の「スイスロボット」などがその例だ。

いわゆる「身体性」を取り入れた人工生命であり、身体と脳の相互作用を進化的に獲得する仕組みをつくり出した、カール・シムズの「仮想生物」もこれにあたる。Ch. 2で詳しく説明する。

レベル3　集団現象をつくり出す人工生命

レベル3は、個では実現できない、集団が可能にする創発現象をつくり出す人工生命だ。生物は単体で存在することはできず、必ず他の個体と何らかの関係をもちネットワークをつくることで生存を維持している。そして他の個体との相互作用は、集団となったときに新たな動きやパターンをつくり出す。この創発のメカニズムを利用すると、単純で柔軟かつ頑健な方法で、新たな集団の振る舞いをつくり出すことができる。

個体間の相互作用のルールのみから創発現象をつくり出すもので、典型的にはエージェント・ベース・モデルが利用される場合が多い。鳥や魚の群れなどの集団現象をつくる、クレイグ・レイノルズの「ボイドモデル」や、ジョン・コンウェイ（John Conway）の「ライフゲーム」がこれにあたる。これらの技術は、生物だけでなく人間の集団現象を理解するためにも利用されている。Ch.3で詳しく説明する。

レベル4 生態系をつくり出し進化する人工生命

レベル4は、生態系をつくり出し、進化する人工生命だ。もし「ありうる生命」が本当に「生命」なのだとしたら、自然界の進化が多様さと複雑さを生み、この生態系をつくり出したように、必然的に生態系を構築し、進化するはずである。

トム・レイ（Thomas Ray）による「ティエラ」は、人工生命研究の初期につくられた人工生態系である。ティエラは、寄生体と宿主が共生する生態系をつくることで、集団として進化する仕組みを生み出した。寄生体の出現が、進化を促すひとつの有効なアプローチになっている。Ch.4で詳しく説明する。

また、インターネットは、ソーシャルメディアなどいくつもの生態系が存在し、新しい生命圏をつくりながら、オープンエンドな発展を遂げる人工システムである。しかし、その発展は、人間によってつくられており、人間の介在なしにオープンエンドな進化の実現を目指す人工生命とは一線を画す。一方で、進化し続ける複雑な生態系を備えた生命のモデルとしてインターネットを考えることは、オープンエンドな進化についての理解につながる。Ch.5で詳しく説明する。

レベル5　オープンエンドな進化をつくり出す人工生命

レベル4の人工生命は、集団内での相互作用を通じて、生態系をつくり出し、進化もする。しかし、その進化はすぐに終わってしまう。自然の生物界で、単細胞生物が多細胞生物に進化したような多段階進化を生み出すことはない。一方、終わりのない進化、オープンエンドな進化をつくり出すのがレベル5の人工生命である。このレベルの人工生命はまだ実現していないが、Ch.6で紹介するような「新規性探索」や「品質多様性」アルゴリズムが、オープンエンドな進化を目指した人工生命の技術として注目を集めているホットな領域である。

これら5つの「生命」に関する特徴をすべて兼ね備えているものが、人工生命研究者が目指す人工生命である。そして先に述べたとおり、その実現にまだ至っていない。しかし、わたしの考えでは、各レ

レベル5　オープンエンドな進化をつくり出す人工生命

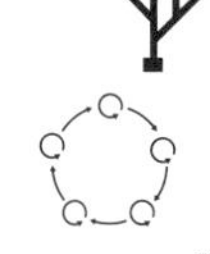

レベル4　生態系をつくり出し進化する人工生命

レベル3　集団現象をつくり出す人工生命

レベル2　身体と環境の相互作用を取り入れた人工生命

レベル1　生命の基本機能を実現する人工生命

［fig.1-3］人工生命レベル1からレベル5

ベルでの研究成果が集まり、オープンエンドなプロセスを無限に生み出すことができるようになれば、「人工生命」と呼んでもいいような人工物が出現するのではないかと思う。ただし、いずれにしてもそれは技術の発展により構成論的に解明されていく類のものであって、本当に人工生命ができるかどうかをここで議論するつもりはない。そもそもこれまで多くの科学者が「生命とは何か」を定義しようと挑んできたが、実際明確なひとつの定義があるわけではない。

人工生命のシステムが本当に「生きている」のかどうかについても、たくさんの哲学的な議論が行われてきている。そうした話題に興味のある人は他の書籍を参照していただきたい[11]。さて、人工生命とは何かという議論を少し整理したところで、次章からいよいよ人工生命の研究で何が起きてきたのか、何が起こっているのかをみていこう。

参考文献

［1］Wendy Aguilar, Guillermo Santamaría-Bonfil, Tom Froese, Carlos Gershenson. The past, present, and future of artificial life, Frontiers in Robotics and AI, 1(8):1-15, 2014.

［2］John von Neumann, Arthur W. Burks ed, The Theory of Self-reproducing Automata, University of Illinois Press, Urbana, 1966.［邦訳］J・フォン・ノイマン 著／A・W・バークス 編／高橋秀俊 監訳『自己増殖オートマトンの理論』（岩波書店、１９７５年）

［3］Alan Mathison Turing, The Chemical Basis of Morphogensis, Philosophical Transactions of the Royal Society of

London, Series B, Biological Sciences, 237(641):37-72, 1952.

[4] Shigeru Kondo, Rihito Asai, A reaction-diffusion wave on the skin of the marine angelfish Pomacanthus, Nature, 376:765-768, 1995.

[5] John Hogan, From Complexity to Perplexity, Scientific American, 1995.

[6] Christopher G. Langton, Artificial Life: Proceedings of an interdisciplinary workshop on the synthesis and simulation of living systems (Santa Fe Institute Studies in the Sciences of Complexity, Proceedings, 6; Redwood City, Calif.: Addison-Wesley), 1989.

[7] Peter Taylor, Revising models and generating theory, Oikos, 54(1):121-126, 1989.

[8] Barbara Webb, Animals versus animats: or why not model the real iguana? Adaptive Behavior, 17(4):269-286, 2009.

[9] Mark A. Bedau, John S. McCaskill, Norman H. Packard, Steen Rasmussen, Chris Adami, David G. Green, Takashi Ikegami, Kunihiko Kaneko, Thomas S. Ray, Open Problems in Artificial Life, Artificial Life, 6(4):363-376, 2000.

[10] Francisco J. Varela, Humberto R. Maturana, Ricardo Uribe, Autopoiesis: the organization of living systems, its characterization and a model, Biosystems, 5:187-196, 1974.［邦訳］Ｈ・Ｒ・マトゥラーナ、Ｆ・Ｊ・ヴァレラ 著／河本英夫 訳『オートポイエーシス―生命システムとは何か』（国文社、１９９１年）

[11] フランシスコ・ヴァレラ、エレノア・ロッシュ、エヴァン・トンプソン 著／田中靖夫 訳『身体化された心』（工作舎、２００１年）

Chapter 2

身体性

2—1

身体と環境がつくり出す創発現象

身体を通じて環境を知覚する

Ch.1では、生命の抽象的なモデルから「ありうる生命」をつくり出すことによって生命を理解する人工生命について説明した。ノイマンがつくったセルラー・オートマトンのモデルや、チューリング・パターンの数式は、抽象的なモデルだからこそ、生命の本質的な原理を理解することにつながったともいえる。

では、もっと「われわれの知っている生命」に近い、動き回ったり、何かを認知して行動したりする、生物的な生命を理解するためにはどのようなアプローチがとられてきたのだろうか？　これこそが、身体を通じて環境を知覚し行動する認知プロセスをもたせた人工生命の研究である。

身体性が異なると環世界も異なる

わたしたちは、みんな同じ世界を認知していると考えがちだ。だが、人それぞれにもっている感覚器（センサー）やその性能は違うため、脳の中に入ってくる信号を使って認知される世界は実はそれぞれに異なっている。

たとえば、ある実験によると、温かいコーヒーが入ったカップを持って会話していると、冷たいコーヒーが入ったカップを持っているときに比べて、話し相手が温かみのある人だと感じる[1]。あるいは、生臭い匂いが対人関係の信頼性を低下させたり[2]、身体的な重さが重要性の判断に影響を与えたりする[3]。

異なる生物で考えるともっとわかりやすいかもしれない。たとえば、人間と犬とハエが同じ部屋にいても、人間が認知している世界と、犬やハエが認知している世界はおそらく異なる。つまり、生物が主体的に構築する独自の認知（世界）があると考えられる。ドイツの生物学者、ユクスキュルはこれを「環世界」と呼んだ[4]。ユクスキュルによると、人、犬、ハエはそれぞれ意味のあると思うもの、関心のあるものによって、独自の環世界がつくられている。

たとえば、テーブル、食べ物、椅子、ソファ、本棚、照明がある部屋を思い浮かべてみよう。人、犬、ハエはそれぞれこの部屋をどのように認知しているだろうか。人がこの部屋を見ると、すべての家具が意味あるものとして見え、環世界をつくっている。同じように、犬にとって興味のあるものだけで構成された世界が犬の環世界だ。犬は目があまり良くないので、照明が点いていてもさして関係なく、犬の環世界はおそらく薄暗い。飼い主の匂いがついたソファや椅子、テーブルの上の食べ物には関心があるだろうが、本棚は犬にとっては何の意味ももたないだろう。ハエにとっての部屋はどう見えるだろうか。ハエは遠くのものは見えないが、光には非常に敏感に反応する。食べ物にも関心があるだろう。するとハエにとっての部屋は、テーブルの上の食べ物と照明のみが意味のある世界となる。

このように、環境は確かに客観的なものとして存在しているが、それがどんな意味をもつか、生物によって認知される世界はそれぞれに違ってくる。身体性が異なると、環世界も異なるのだ。

身体化された認知

生物は身体を通して世界を認知する。では、身体のもつ認知をどのようにしたら生命体に取り入れることができるのか。人工生命研究者はこの課題に取り組んできた。

身体を通して世界を認知する人工生命をつくり出すときに、重要となる考え方が「身体化された認知（embodied cognition）」という概念だ[5]。生物の認知は「頭の中」ではなく、むしろ「身体に埋め込まれたかたち（embodied）」で行われているという考え方である。

「身体化された認知」をつくり出すことに、精力的に取り組んだ研究者のひとりが、ロボット工学者のロルフ・ファイファーだ。ファイファーは、身体と環境との相互作用からロボットの振る舞いをつくり出せないかと考え、実際にロボットをいくつも作成し、それが可能であることを示した[6]。

たとえば、スイスロボットという発泡スチロールを片付けているようにみえるロボットを開発し、身体と環境との相互作用から生み出される知性のかたちを示した。スイスロボットは、右と左に赤外線センサーだけをもつ、とても単純なロボットだ。カメラもついていないし、内部に複雑な制御回路ももっていない。左右の赤外線センサーから入ってくる情報によって、まっすぐに進んだり、右に曲がったり、左に曲がったりするだけである[fig.2-1]。

ところが、このスイスロボットを発泡スチロールのブロックがばらまかれた広場に放つと、ブロックを集め出し、まるで掃除をしているように動き出す（スイスロボットの名はスイス人が綺麗好きであるということに由来している)。

　実際には、ロボットはセンサーから入ってくる情報に従って動いているだけで、ブロックを認識しているわけでも、ブロックのかたまりをつくろうとしているわけでもない。では、なぜ刺激に対して反応しているだけで、そのような動きが生み出されるのだろうか。

　ロボットのもつ身体の特徴を生かし、環境をうまく設計するとそれが可能となる。ロボットの左右の赤外線センサーの間隔をブロックの大きさに合わせて、うまく調整してあげるのだ。赤外線センサーの間隔をブロックよりも大きくすると、ブロックが真正面にあるときはセンサーが反応せず、ロボットはブロックを押して前に進む。進みながら別のブロックに近づくと、左右どちらかのセンサーが反応しロボットは方向を変える。結果としてブロックが

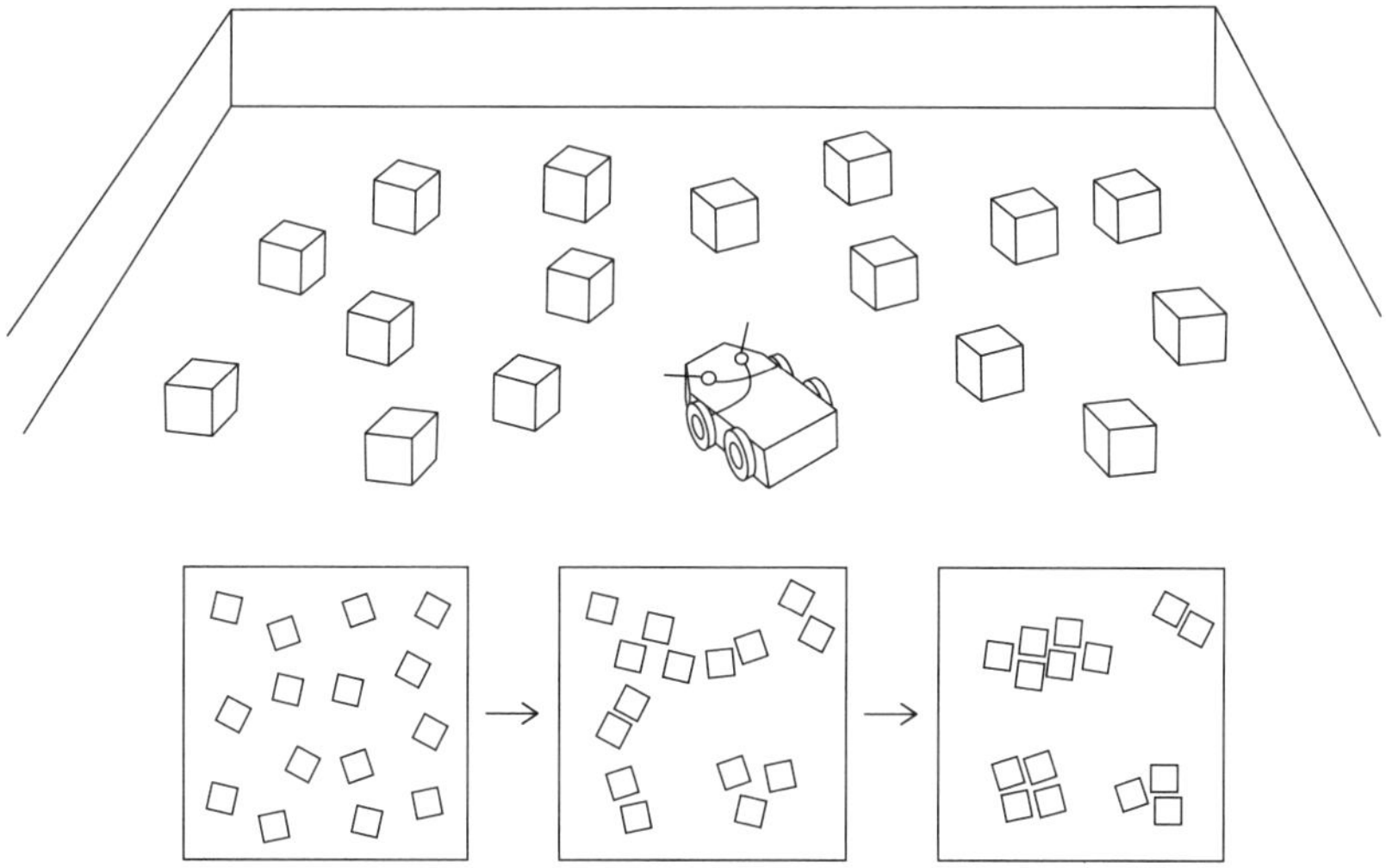

[fig.2-1] スイスロボット
R.Pfeiferら『知能の原理』(共立出版)を参考に作成

その場に残される。この動作を繰り返していると、ブロックのかたまりがつくられ、それがあたかもロボットが掃除をしているかのようになる。環境の設計とロボットのセンサーの組み合わせによって、意味のある運動をつくり出すことができている。

身体を活用した知性の実現は、スイスロボットだけでなく、身体のもつ形状をうまく利用して、制御モーターをつけることなく歩くことを実現したロボット〔7〕や、身体のもつ柔らかさをうまく利用して、少ない制御でものを掴むことができるロボット〔8〕など多くの例がある。

身体と環境の相互作用をうまくデザインするという考え方は、人の自発的な行動を促す方法として行動経済学の分野にもみられる。たとえば、男子トイレの小便器に一匹のハエを描くことで、トイレの床汚れを減らすという画期的な環境のデザインが提案されている。これは、「人は的があると、そこに狙いを定める」という人がもつ特性が機能するように環境をうまくデザインした有名な例だ。このアイデアを採用したオランダのスキポール空港は、ハエの絵を描くことで、トイレの清掃費の8割減につながったという。身体がもつ認知の特性を利用した知性の実現や、システムのデザインは、より生命的なものであり、それは省エネで効率的な問題解決となる。

ロドニー・ブルックスが唱えた「表象なき知性」

身体を通じた環境との相互作用の重要さを唱えたもうひとりの有名な研究者に、ロボット工学者のロドニー・ブルックスがいる。

ブルックスは、1990年に設立されたiRobot社の創設者兼CTOで、ルンバを開発した人物のひとりだ。2008年にはiRobot社を退社し、Rethink Roboticsという産業用ロボットを開発する会社を創業している。2018年には廃業になってしまったが、その後も、ロボットやAIの分野で影響力のある人物であり続けている。

ブルックスは、人工生命研究が盛んだった1980年代から1990年代の人工生命コミュニティの中心人物のひとりでもある。ブルックスが研究するロボットは、完全に自律性をもったロボットを目指すという意味で、人工生命の研究が目指していたものと共通していたのだ。

自律性をもったロボットとは、一挙手一投足がプログラムされ決められた動作で動く工場の組み立てラインのようなロボットではなく、いうならば、動かすまで何が出てくるかがわからないシステムである。そんなロボットは何をするかわからず危なくてしょうがないと思うかもしれない。確かに、置かれる環境や行わせたい動作がはっきり決まっている工場のロボットは、完全にプログラムされたロボットのほうが安全であるし、確実に仕事をこなしてくれるだろう。実際、多くのロボットはあらかじめ決められた動作をするようにつくられている。

ところが、実世界で遭遇するあらゆる場面を想定してあらかじめプログラムすることが不可能な場合もある。たとえば、ロボットを歩かせたいときなどだ。もしすべてプログラムした歩行パターンをもつロボットをつくったとすると、プログラムされていないことが起きると、ロボットは簡単に転んでしまう。では、どうすれば完全にプログラムせず、環境に適応して自律的に動くロボットをつくれるか。

ブルックスは、そのヒントを生物の進化に求めた。生物の進化を考えてみると、単純なものから複雑なものへと変化してきているが、重要なのは、単純なものであっても最初から自然の中で生き延びてきていることだ。つまり、簡単な仕組みであっても、動くために必要な部品を備えており、進化の過程を経て、部品は複雑化していったと考えられる。そこで、進化をシミュレートするようにロボットを設計しようとブルックスは考えた。

そして、ひとつの答えとして、ブルックスは進化をアナロジーとした「サブサンプション・アーキテクチャ」という方法を提案した[9]。

サブサンプション・アーキテクチャとは、ロボットの動作を単純な機能をもつモジュールに分解して、階層化し、これを動作に合わせて優先順位がつくようにした仕組みだ。ルンバのようなお掃除ロボットもサブサンプション・アーキテクチャによって実現できる。

ルンバを実現するには、たとえば、「衝突を回避する」「ランダムに動き回る」「床のものを吸い込む」という3つの機能のモジュールをもたせる[fig.2-2]。各モジュールは、センサーからの入力に反応して他のモジュールとは独立して動き、全体を制御する機構はない。その代わり、モジュールは階層構造になっていて、階層上位のモジュールは下位のモジュールよりも優先順位が高い。「衝突を回避」しながら、「ランダムに動き回る」途中で、センサーが床に何か落ちているものを感知すると、実行中の下位モジュールの行動は中断され、最も上位の「床のものを吸い込む」という行動が実行される。このような設計をすることで、全体を制御する中枢にあたるプログラムがなくても、環境に合わせて臨機応変に動き、掃除をするというタスクを行うことができる。

サブサンプション・アーキテクチャが提案されるまでは、脳が身体をコントロールしているというパラダイムのもと、まずは「脳」が環境を認識し、行動の計画を立て、実際に行動する、というアプローチがとられていた。ロボットに取り付けられたカメラの映像を認識し、部屋の地図をつくり、障害物を検知し、目的地までの経路を決定して行動に移す。それぞれのモジュールの精度を向上させ完璧なものにすれば全体として動く、という考えだ。しかし、各モジュールでの動作がうまくいっても、全体としてうまく動作するとは限らない。実際、1980年代当時、脳が身体をコントロールしているというパラダイムでは、ロボットの研究は、障害物を避けてロボットをある地点からある地点まで移動させることができていなかった。

サブサンプション・アーキテクチャの仕組みを使えば、ロボットに必ずしも高度な知能をもたせる必要はなく、ロボットが環境と相互作用して必要な動作を生み出すことができる。ブルックスによれば、

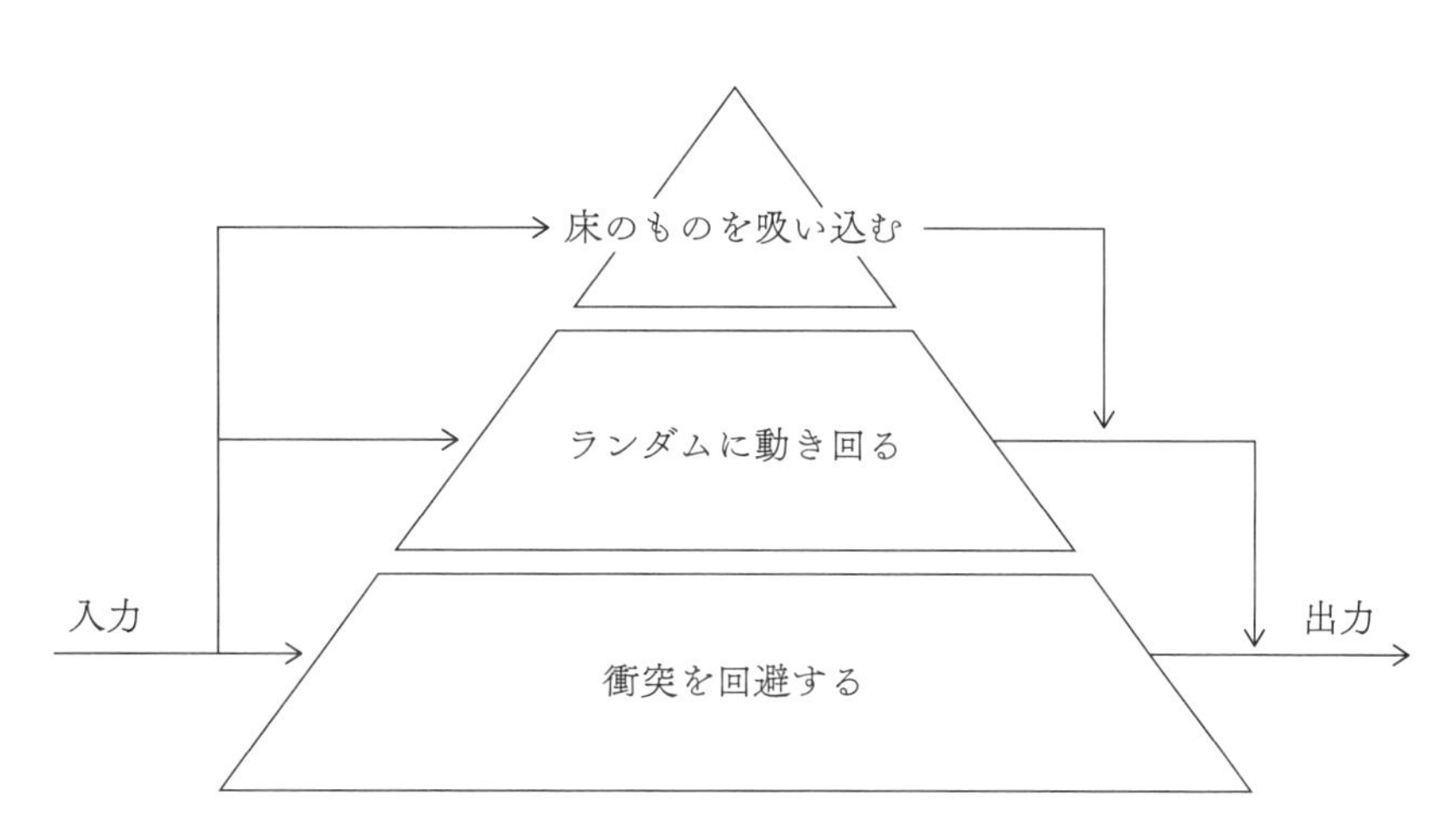

[fig.2-2] サブサンプション・アーキテクチャの階層構造

「各層は単純でも、周囲の状況の複雑さに反応していれば、結果として全体的に複雑な振る舞いが生まれる」ということだ。そして、ブルックスは実際に世界ではじめて障害物を避け、目的地まで辿り着いて空き缶のゴミを捨てるロボットHerbertをつくり、彼の主張が正しいことを証明した。

サブサンプション・アーキテクチャによる身体を通じた環境との相互作用から生まれる認知を、ブルックスは「表象なき知性」と呼び、知的な行動や判断ができるためのロボットの設計には、高度な知能や表現力（表象）はいらないと説いた[10]。そして、サブサンプション・アーキテクチャは、Herbertの他にもゲンギスといった自律的に動く昆虫型ロボットをつくり出し、その後のロボット研究の発展に大きく貢献した。

ロボットのようなエージェントに直接プログラムされていない振る舞いが生み出されることを「創発」と呼ぶ。創発をつくり出すことは、オープンエンドな進化には不可欠だ。次々と新たな創発現象が生じることを「多段階創発」というが、もし「多段階創発」をつくることができれば、それがオープンエンドな進化そのものといえる。

スイスロボットやルンバがみせる振る舞いも、身体と環境との相互作用の結果「創発」してきたものだ。どちらも目的とした行動が創発されるように、人の手によってうまいこと設計されている。しかし、人の手で創発を設計することは簡単ではなく、うまくいくとも限らない。そこで、目的の振る舞いを自動的にコンピュータで設計することはできないか。人工生命の研究では、その方法がいろいろと模索されてきた。それを次にみていこう。

2-2

人工進化で創発をデザインする

遺伝的アルゴリズム

スイスロボットやサブサンプション・アーキテクチャは、環境との相互作用をうまくつくるための設計を人間が与える必要がある。この設計が悪いとロボットに意図した動きをさせることはできない。たとえば、スイスロボットは「掃除」できる環境がかなり限られている。ブロックのサイズが大きすぎたり小さすぎたりするとうまくいかないし、壁に囲まれた環境でないとロボットはどこかへ行ってしまう。身体と環境をうまく活用することで、複雑な制御機構をもたなくてもタスクを完了できるが、同時に、環境が変化してしまうと正しく動作しなくなってしまう。

サブサンプション・アーキテクチャも、あまりに多くの階層をもたせると、各層の目的がぶつかりうまく機能しないことがある。

一方、生物の世界をみてみると、身体と環境とのうまい相互作用を生物は進化的に獲得してきている。どうしたら「進化」をコンピュータでシミュレーションし、人工的につくり出すことができるか。そこで考え出されたのが、「遺伝的アルゴリズム」だ[11]。1975年にジョン・ホランド（John Holland）によって提案された。遺伝的アルゴリズムを使うと、人間が設計しなくても意図した振る舞いをするロボットをつくることができる。与えられた環境と相互作用しながら意図した動きをする身体を、コンピュータが自動的に見つけ出すのだ。その具体例を紹介する前に、遺伝的アルゴリズムについてもう少し掘り下げよう。

遺伝的アルゴリズムは、生物の進化に着想を得てコンピュータ上でそれを実現する方法だ。さまざまな環境の変化に対応して生き延びてきた、生物の自然進化の過程を模倣して、試行錯誤によってより良い解を見つける。

わたしたちも日常生活の中で進化的な試行錯誤をしている。たとえば、美味しいコーヒーを淹れるために試行錯誤が必要な要素を考えてみよう。豆の挽き方、使う道具、豆の分量、抽出温度、お湯の注ぎ方など、美味しいコーヒーを淹れるために必要な一連の要素がある。最初は適当なコーヒーの淹れ方から始め、つくったコーヒーを飲んで、味を判断する。理想を目指して試行錯誤を繰り返していけば、いつか美味しいコーヒーを淹れるために必要な微妙なさじ加減を見つけることができるだろう。

毎回やみくもに試行錯誤するのではなく、生物の進化を模倣し、それまでの試行錯誤から徐々に美味しいコーヒーをつくる方法を見つけていこうというのが、遺伝的アルゴリズムの基本的な考え方だ。毎回の試行錯誤の味をそれぞれ判断し、より美味しいコーヒーの淹れ方をピックアップする。そこから豆の挽き方だけ少し変える。あるいは使う道具はこのコーヒーを淹れたときものから、抽出温度はこのときのものから、とあれこれ組み合わせてみる。これらのステップがそれぞれ、生物の進化で行われている、選択淘汰、突然変異、交叉（組み換え）に相当する[fig.2-3]。

遺伝的アルゴリズムとは、要するにコンピュータによる「試行錯誤」である。人間が試行錯誤するのに比べ、コンピュータに行わせることでたくさんの組み合わせのパターンを同時に探すことができる。実行すべきタスクを遺伝子に模した数値の連なりで表し、それを突然変異や、交叉を用いて進化させる。環境への適応度が高い遺伝子は次世代に受け継がれる。遺伝子の大半はそれほど優れた性能を示すことはないが、その中からいくつかの遺伝子は親よりも優れた性能を示す。このステップを何百回、何千回、ときには何万回と繰り返すと、優れた解がかなりの頻度で見つかる。コーヒーの例でいえば、豆の挽き方、使う道具といった要素が遺伝子となり、出来上がったコーヒーの美味しさが環境への適応度となる。

遺伝的アルゴリズムといった生物の進化を模倣した計算方法は、一般的に進化計算や人工進化と呼ばれ、その多くは仮想空間でのシミュレーションを使って遺伝子の良さを評価し、進化が行われる。多くの案を高速に試せるからだ。進化計算は、遺

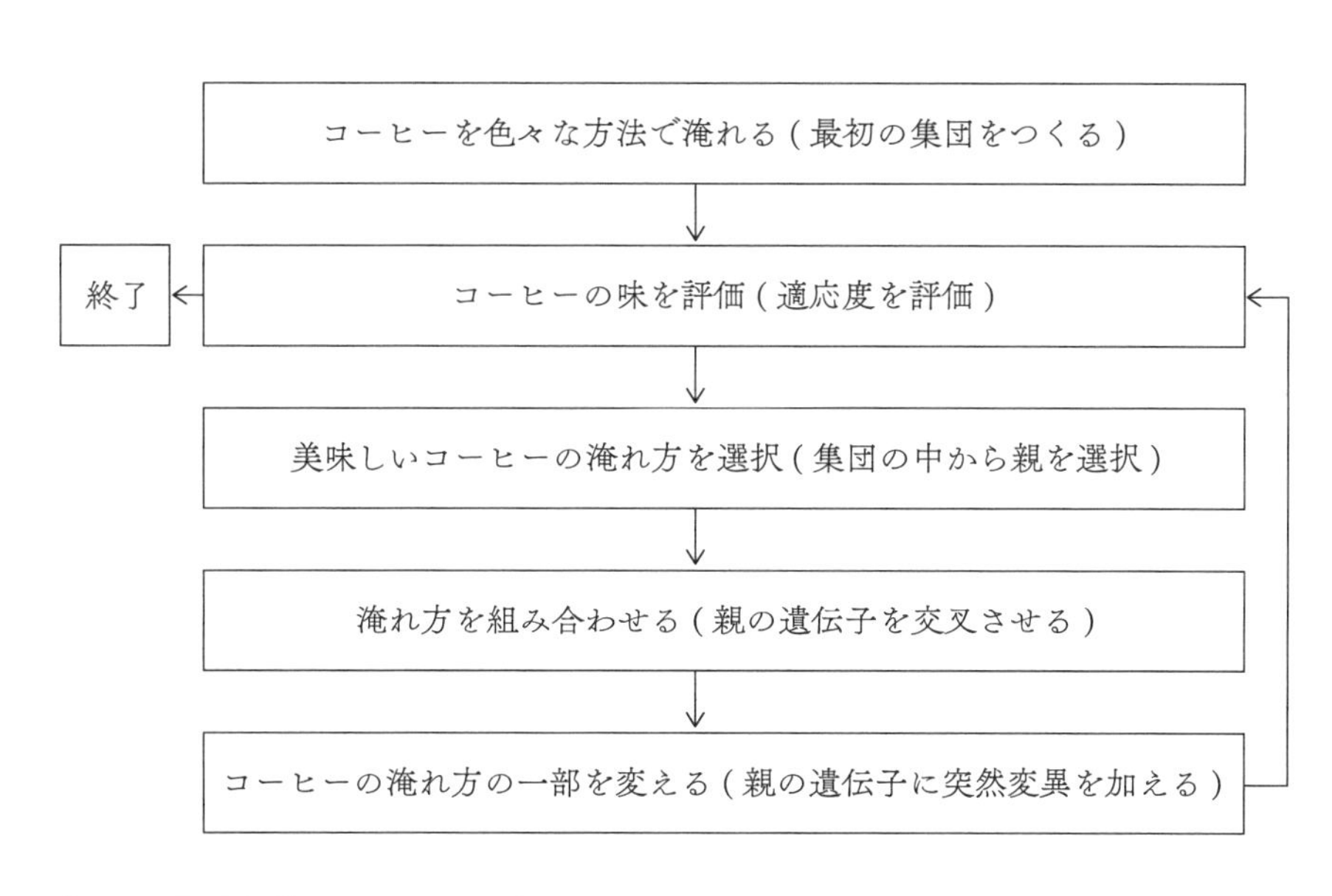

［fig.2-3］遺伝的アルゴリズムの流れ

伝的アルゴリズムに始まり、これまでにさまざまな方法が研究され応用されている。有名な応用例として新幹線の先頭車両の設計があるが、より一般的にはジェネラティブ・デザインとして、航空機や自動車の部品のデザインなどに使われている。

人間のバイアスを取り除く

進化計算は、人間のバイアスに偏らず解き方のいろいろなバリエーションを「提案」してくれるため、ときには人間の想像を超えるような解を見つけ出すこともある。人工進化であっても、自然進化のように人間が思いもしなかったやり方で、周囲の環境や物理特性を活用することを示したのが、イギリス人の研究者エイドリアン・トンプソン（Adrian Thompson）だ。

トンプソンは、高い音と低い音を区別するマイクロプロセッサを、実世界でテストしながら進化させる実験を行った[12]。マイクロプロセッサとは、コンピュータでの計算や制御などの機能を一枚の半導体チップに集めたハードウェアだ。

トンプソンの興味は、デジタル的な制約を取り払い、ハードウェアに直接進化を取り入れたらどうなるだろうか？にあった。この疑問に答えるには、「モノ」としてのハードウェアの性質とソフトウェアとしての計算の世界を組み合わせる方法が必要だった。トンプソンは、その答えをＦＰＧＡ（Field-Programmable Gate Array）に見出した。従来のトランジスタは処理を行うハードウェアの回路に組み込まれており、書き換えることはできないが、ＦＰＧＡは半導体チップにプログラムを読み込むだけで、任意の回路とそのつながりを自由に書き換えることができる。つまり、ハードウェアの設計をソフトウェア的に簡単に変更できるのだ。ＦＰＧＡを使えば、新しい回路の設計をチップ上ですぐにテストできる。

トンプソンは、遺伝的アルゴリズムを使い、音をどれだけ区別できるかで回路の良さをテストしながら、回路を進化させた。ランダムな設計回路の50個の個体から始め、最も性能の悪い個体を取り除き、最も性能の良い個体には自身のコピー、つまり子孫をつくらせた。そして、いくつかの個体を交叉させ、設計の一部を入れ替えたり、突然変異を導入したりした。そうしてつくった新しい集団からひとつずつＦＰＧＡにダウンロードし、音をどのくらい区別できるかのテストを行う、という作業を何千世代も繰り返した。

その結果、高い音と低い音を区別するＦＰＧＡが見事に進化した。しかも、それは人間の設計者が使用する場合に必要となる部品数の10分の1以下で動作するものであった。

人工進化はどのようにしてその方法を見つけたのだろうか。最終的な回路を見てみると、ふたつの驚きがあった。

ひとつは、ＦＰＧＡがアナログ的に動作するように進化していたことだ。回路は、0ボルトや5ボルトといったきちんとしたデジタル出力ではなく、アナログの波形を生成していたのだ。コンピュータ上で、すべてのデータは「1」と「0」に分解されて表現されている。それをハードウェアが「オン」と「オフ」としてメモリに記憶していて、マイクロプロセッサのトランジスタがオンとオフのスイッチとして動く。しかし、トランジスタそのものは本質的にはデジタルではない。入力の電圧を高電圧と低電圧に切る変えることで、オンとオフを実現していて、電圧の「増幅器」として振る舞う。人工進化は、トランジスタがハードウェアの特性としてもっているこの増幅器という性質を、アナログ的に活用するように進化していたのだ。もうひとつの驚きは、回路としてはつながっていない近くを通る回路から、電場の影響を受ける物理的特性を利用するように進化したことだ。いくつかの回路は、論理的な目的をもたず、出力に影響を与えるような接続経路もなかったが、これらを切り離すと、全体が動かなくなってしまったのだ。

トンプソンの試みから、人間のバイアスを取り除くことではじめて見つかる知能のさまざまなかたちを垣間見ることができる。

進化する仮想生物

人工進化を使うことで、環境との相互作用から目的の振る舞いをつくり出す身体を、人の手に頼らず設計することができる。それを効果的に示したのが、コンピュータグラフィックスのエンジニアだったカール・シムズ（Karl Sims）だ。1994年のことである[13]。シムズは「Evolving Virtual Creatures（進化する仮想生物）」という論文で、身体とそれを制御する脳にあたるニューラルネットワークの両方を、人工進化を使って進化させた。物理法則に従った仮想世界の中で、泳いだり、歩いたり、跳ねたり、物を取り合ったり、驚くほど多様で生き生きとした動きをみることができる。シムズがつくった仮想生物はYouTubeで今も見ることができるが、異なる身体がもつさまざまな認知の特性をうまく利用している様子をみていると、本当に生きている生物のように感じられる[fig.2-4]。

シムズは、仮想的な生物の身体を、円柱や長方形などのパーツが関節でつながれているものとして表現した。水の中や地面の上といった与えられた環境で、なるべく速く動くといった目的を達成するための身体と脳（ニューラルネットワーク）の設計を人の手で行うことは難しい。身体のパーツをどのくらいの力で動かすのか、触覚、光、目、耳といったセンサーを身体のどこに取り付けるのか、そして、これらを制御器であるニューラルネットワークにどのようにつなげるかなど、さまざまな組み合わせを試す必要があるからだ。シムズは、人工進化を使うことで、これらの膨大にあるさまざまな組み合わせをコンピュータプログラムで試し、生物のような動きをシミュレーションすることに成功したのだ。

また、シムズの仮想生物は、身体と脳の両方の進化をコンピュータプログラムでつくり出すことが可能であると、世界ではじめて示した。身体が生み出す知性を人工物に取り入れるという考えは、ルンバが日常生活の中に溶け込んで使われている現代においては違和感なく受け入れる人も多いのではないかと思うが、ブルックスやファイファー

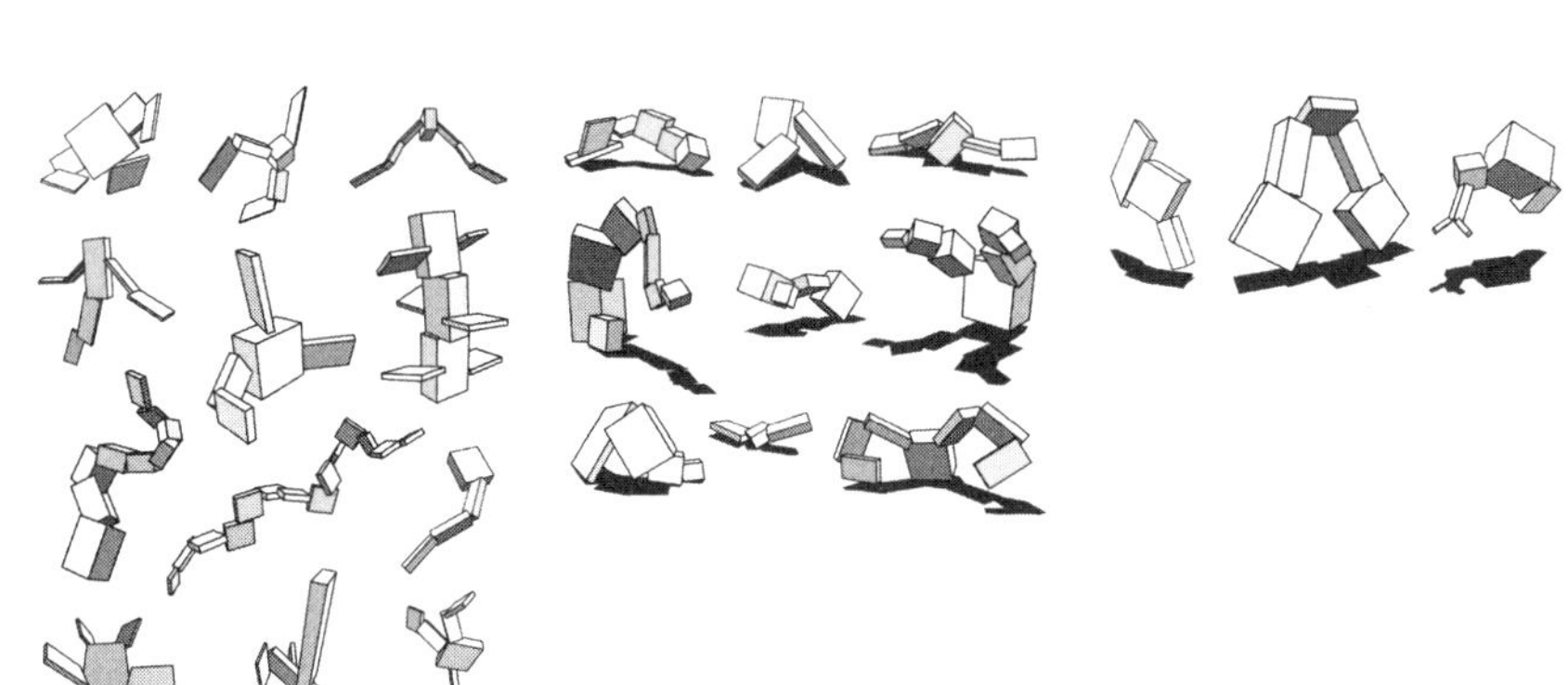

［fig.2-4］シムズの仮想生物。(a)泳ぐ（b)歩く（c）跳ねる
Karl Sims, Evolving Virtual Creatures, SIGGRAPH, pp.15-22,1994.よりfig.6, 7, 8を引用

が「身体化された認知」の観点からロボットをつくろうとしていた１９８０年代から１９９０年代は、主流な考え方ではなかった。身体を通した認知はそれほど重要視されていなかったのである。そんな中、シムズの仮想生物は、身体は、脳と環境の間のインターフェースとして存在しているだけでなく、脳と身体は共進化的なつながりで絡み合っている、という「身体化された認知」をより裏付けるものとなった。

シムズの研究は、人工生命の研究分野の中でも「進化ロボティックス」という分野として一翼を担っている研究の先駆けであり、人工生命の大きな成功例とされた。

ここまで、人工進化を使った創発のデザイン――身体と環境との相互作用から個体の振る舞いをつくる――について述べた。人工進化でも、環境や物理特性をうまく取り込むことができれば、人間が思いもしない進化をつくることができる。多種多様な形態と振る舞いを創発させたシムズの仮想生物は、人工進化の可能性を如実に示している。では、シムズの仮想生物の登場後、どのような発展をみせたのであろうか。人工生命研究者は、シムズを超える人工生命の開発を目指した。簡単に超えることができるのではないかと思われていたが、実際は一筋縄ではいかず、思わぬ長い歳月を要することとなった。

2―3

ソフトな仮想生物

仮想生物の進化が直面した課題

シムズが進化させた仮想生物は、複雑な形態と自然な行動を生み出し、共進化においても人工進化の可能性を示した。そして、シムズの研究に触発されたさまざまな研究が提案された。ボトルネックだったコンピュータの処理能力もどんどん向上していった。これまでと比較すると、遥かに素晴らしい仮想生物が次々と生み出された……と期待するかもしれない。

ところが、現実はそうならなかった。人工生命の分野で実際に生み出された生物は、複雑でも、自然でも、知的でもないものばかりだったのだ。コンピュータの処理能力は上がり、進化計算のアルゴリズムも発展はしていたが、どれもシムズを超えるようなものではなかった。

うまくいかない原因はどこにあるのか。最適なパラメータを探すアルゴリズムにあるのではないか、遺伝子のコーディングの仕方にあるのではないか、あるいは脳と身体を共進化させるためのタスクが簡単すぎるのではないか……さまざまに議論された。

そして、1994年からおよそ20年後の2013年。ようやくシムズの仮想生物を超える、より複雑で多様な振る舞いをする仮想生物が進化した。提案したのは、コーネル大学のホッド・リプソン（Hod Lipson）が率いるグループだ[14]。なぜそんなに時間がかかったのだろうか。自然で複雑で多様な振る舞いの仮想生物に必要なものは何だったのか。

それは、身体がつくり出す運動の複雑さであった。もっというと、実際の多くの生物がそうであるように、身体に柔らかい材質を使う必要があったのだ。ほとんどの研究がシムズにならって、固い材質を使って形態を進化させてきた。そのため、仮想生物はどれもカクカクとした見た目と動き方をする。

一方で、自然界の生物は、柔らかい組織から硬い骨まで、その素材はバラエティに富んでいる。たとえば、イカは一部に骨（貝殻が退化したもの）をもつが、そのほとんどが柔らかい組織で構成された軟体動物だ。イカはこの柔らかい身体に大量の海水を吸い込むことができる。ゆっくりと水を吸い込み、柔らかい身体の特性を生かし、一気に勢いよく噴出させてロケットのように進む[15]。異なる材質で形態を構築する能力により、自然はより複雑で、俊敏で、高性能な身体をつくり出すことができる。

多くの素材から身体をつくれば、人工進化でより自然で複雑な形態を生み出すことができないか？　これはリプソンだけでなく、多くの研究者が考えたことだ。しかし、そこには大きな課題があった。

柔らかい素材を使ったシミュレーションは、固い材質よりも可能な形状や動作のバリエーションが増え、計算量が膨大になるのだ。たとえば、触覚センサーを埋め込んだ柔らかい素材でつくられたロボットの足を考えてみよう。柔らかいロボットの足で地面を踏むと、触覚センサーにはパターンが発生する。少しでも違った角度で地面を踏むと、発生する触覚センサーのパターンは変化する。センサーの数が多ければ多いほど、パターンのバリエーションの数が増えてしまう。膨大なバリエーションから複雑な動作を生み出すためには、その制御器であるニューラルネットワークも複雑化する必要がでてくる。

しかし従来の進化アルゴリズムは、構造が決まったニューラルネットワークのみしか扱うことができず、複雑で大規模な構造のものを進化させることができなかった。シムズを超えるような仮想生物が生み出されるためには、この課題の解決が欠かせなかったのだ。

そのためには何が必要か。その答えは、当時セントラルフロリダ大学の准教授だったケン・スタンリー（Ken Stanley）によって示された。2002年から2007年にかけて、解決策となる一連のアルゴリズムが提案されたのだ。

ニューラルネットワークを進化させる

スタンリーは、まずニューラルネットワークの構造も進化できるようにした。NEAT（NeuroEvolution of Augmenting Topologies）［16］と呼ばれるこのアルゴリズムは、小さくてとても単純な構造をもつ集団から始まって、世代を経るごとに少しずつ複雑さを増すように設計されている。世代を重ねるごとに新しい構造が追加され、解の探索空間が広がっていく。進化は解の探索が簡単な小さな空間から始まり、必要に応じて新しい次元を追加していく。この方法により複雑な解を段階的に発見することができ、最終的な解を広大な空間で探索するよりも遥かに効率的だ。自然界の進化も同様で、度々新しい遺伝子が追加され、段階的に複雑化するといわれている。

NEATのもう一つの重要な特徴は、より複雑な構造が真の可能性を発揮する前に集団から消えてしまわないよう保護するようにしていることだ。世代を経ることでさまざまなネットワークをつくり出すことができるが、それが複雑な構造であればあるほど、次の世代に受け継がれることが難しくなってしまう。小さなネットワークは、大きなネットワークよりも速く最適化されるため、複雑な構造の生存確率が低くなってしまうのだ。そこで、構造が似ている個体が同じグループに属するように、集団を分割する。そうすると、集団内のすべての個体と競争するのではなく、同じグループ内の個体のみが競争することになり、大きなネットワークの生存確率を上げることができる。

固定した構造のみを扱っているときにはなかったこうした新しい課題にＮＥＡＴは対応し、ニューラルネットワークの構造も進化させることができるようになった。その有効性は、強化学習からゲームのキャラクターの制御など、さまざまなタスクで優れた性能を示し、現在でも最も使われているニューラルネットワークの進化アルゴリズムのひとつとなっている。

しかし、それでもまだＮＥＡＴによって扱えるネットワークの大きさは限られている。構造が大きくなっていくと計算量も莫大に増加してしまうからだ。これでは、柔らかい素材を使って解を探索するときに必要な、大規模なニューラルネットワークを進化させるためには十分ではなかった。

幾何学的なパターンをコンパクトに表現する

どうしたらもっと大きなサイズのニューラルネットワークを進化させることができるのか。スタンリーはそのヒントを人間の脳に求めた。

人間の脳は、約１０００億個の神経細胞があり、その神経細胞は約１００兆のシナプスによってつながっている。しかし、その広大な構造をもつ脳のシナプスは、すべてランダムにつながっているわけではない。シナプスの構造には、人間の知能を支えるたくさんの複雑な幾何学的構造が発見されている。

たとえば、脳内における空間の認識に役立つグリッド細胞だ。脳内に地図がないと、自分の正確な位置はわからない。この地図を提供しているのがグリッド細胞だ。グリッド細胞は、場所細胞が「発火」すると同時に発火する、三角格子で規則的に並んだ神経細胞だ。この規則的に並んだグリッド細胞が「自分のいる空間」を提供し、「その中の自分の位置」を記憶する「場所細胞」と一緒に脳内で再構築することで、人間は空間の中の自分の位置を瞬時に認識することができる。つまり、脳内の神経細胞の構造は、決してランダムではなく、グリッド細胞のような幾何学的な規則性のパターンをあらゆるところにもっている。構造をパターン化し、繰り返し使うことで、必要な神経構造の数を劇的に減らしているのだ。

人間の神経細胞やシナプスの数は、AIで使われているニューラルネットワークの規模を遥かに超えている。2020年に提案されたGPT-3という最大級のニューラルネットワークのAIでも、脳のシナプスに相当するパラメータの数は1750億だ。これもかなり膨大な数だが、それでも人間のもつ100兆のシナプス数には到底及ばない。大規模なニューラルネットワークを学習させたり進化させたりすることは、時間も計算リソースも大量に必要になる。人間の脳が行っているような神経細胞の規則的な構造をつくり出す必要がある。

人間の脳だけではなく、自然の世界にも、幾何学的な規則性はいたるところにみられる。たとえば、対称性は、人間や動物の身体にとって基本的な構造であるし、ヘビの表皮には繰り返しのパターンがみられる。スタンリーは、生物の発生過程でつくられるこうした多様なパターンが化学反応によってつくられていることに注目し、幾何学的に異なる規則性をもつパターンをコンパクトに表現する方法を生み出した。CPPN（Compositional Pattern Producing Network）と呼ばれるアルゴリズムだ[17]。アラン・チューリングが自然界で観察されるパターンに触発されて、そのパターンの生成方法を数式で表そうとしたように、スタンリーも生物の発生過程がつくるパターンに注目したのだ。

CPPNは、化学反応を抽象化した関数をノード（構成要素）とし、それらをつないで表現される。ノードには、対称、非対称、繰り返しなどを生み出す関数を使う。たとえば、図に示すような入力に対して、ガウス関数のような対称性を表すものや、サイ

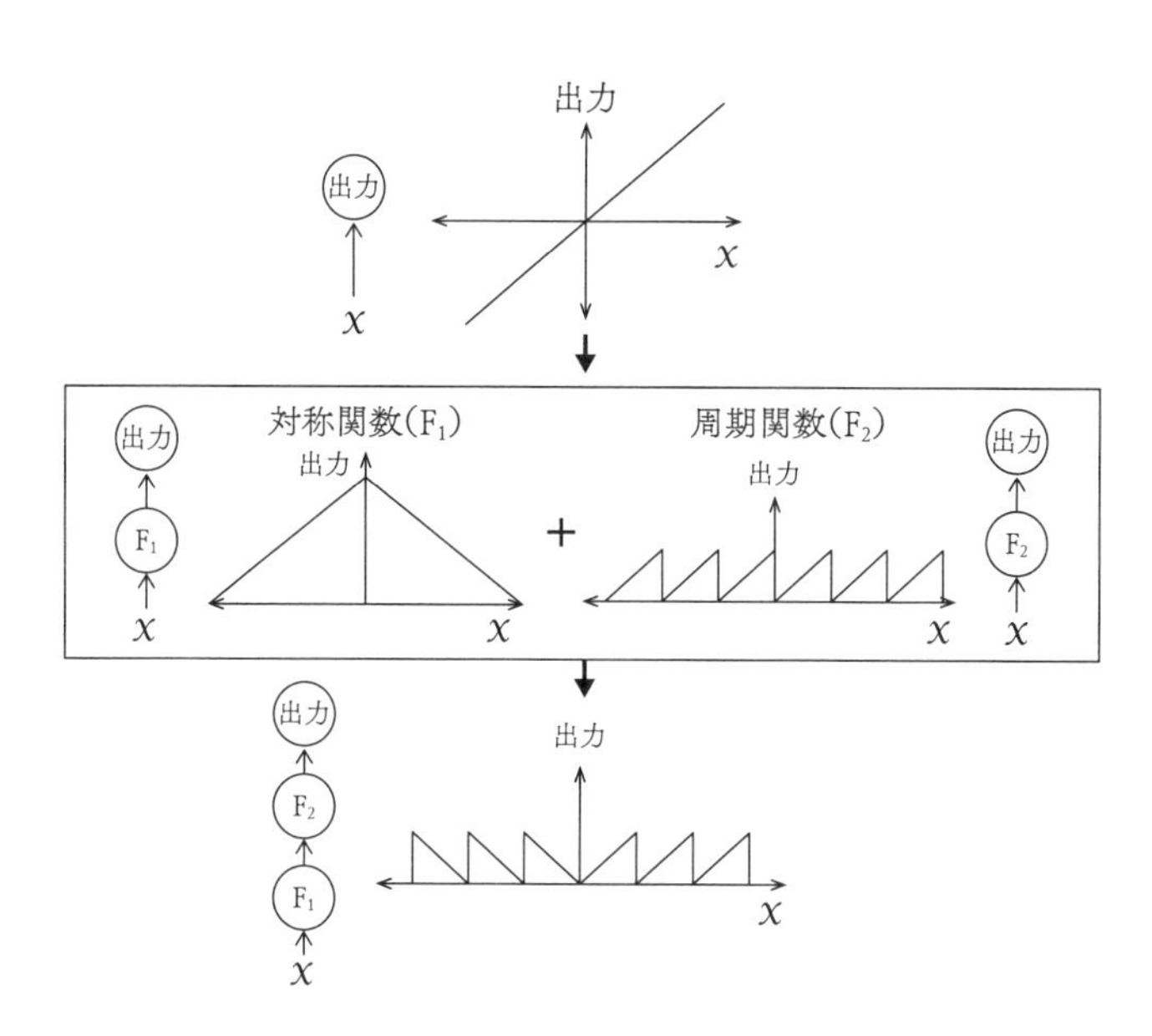

[fig.2-5] 入力に左右対称の関数と周期関数を適用した例
Kenneth O. Stanley, Compositional pattern producing networks: A novel abstraction of development, Genetic Programming and Evolvable Machines 8(2):131-162, 2007. よりfig.3を参考に作成

ン関数のような周期性を表すものを通すと、対称で周期性をもったパターンをつくり出す[fig.2-5]。

そして、関数をつないだ単純なネットワークで表現することで、少ないノードとつながりで、幾何学的な規則性をもったパターンが生成できる[fig.2-6]。

たとえば、図[fig.2-7]は画像の生成にCPPNを使った例だ。画像の一つひとつのピクセルの位置(xとy座標ペア)をCPPNに入力されると、CPPNは-1から1までの値を生成する。0に近ければ近いほど黒い色、-1か1に近づくほど白い色を表すように設定し、すべてのピクセルに対してCPPNの出力を計算する。そうすると、対称、非対称、繰り返しのパターンの画像が生成される。

CPPNを使うことで、非常にコンパクトにニューラルネットワークを表現することができるようになる。つまり、CPPNが出力する空間パターンを、ニューラルネットワークの接続パターンとして考えるのだ。具体的には、二次元の格子状につながったノードで構成されるニューラルネットワークを用意する。そして、ふたつのノードの位置を入力として、その間の接続の強さをCPPNが出力する。同様に、すべてのノード間の接続の強さをCPPNに

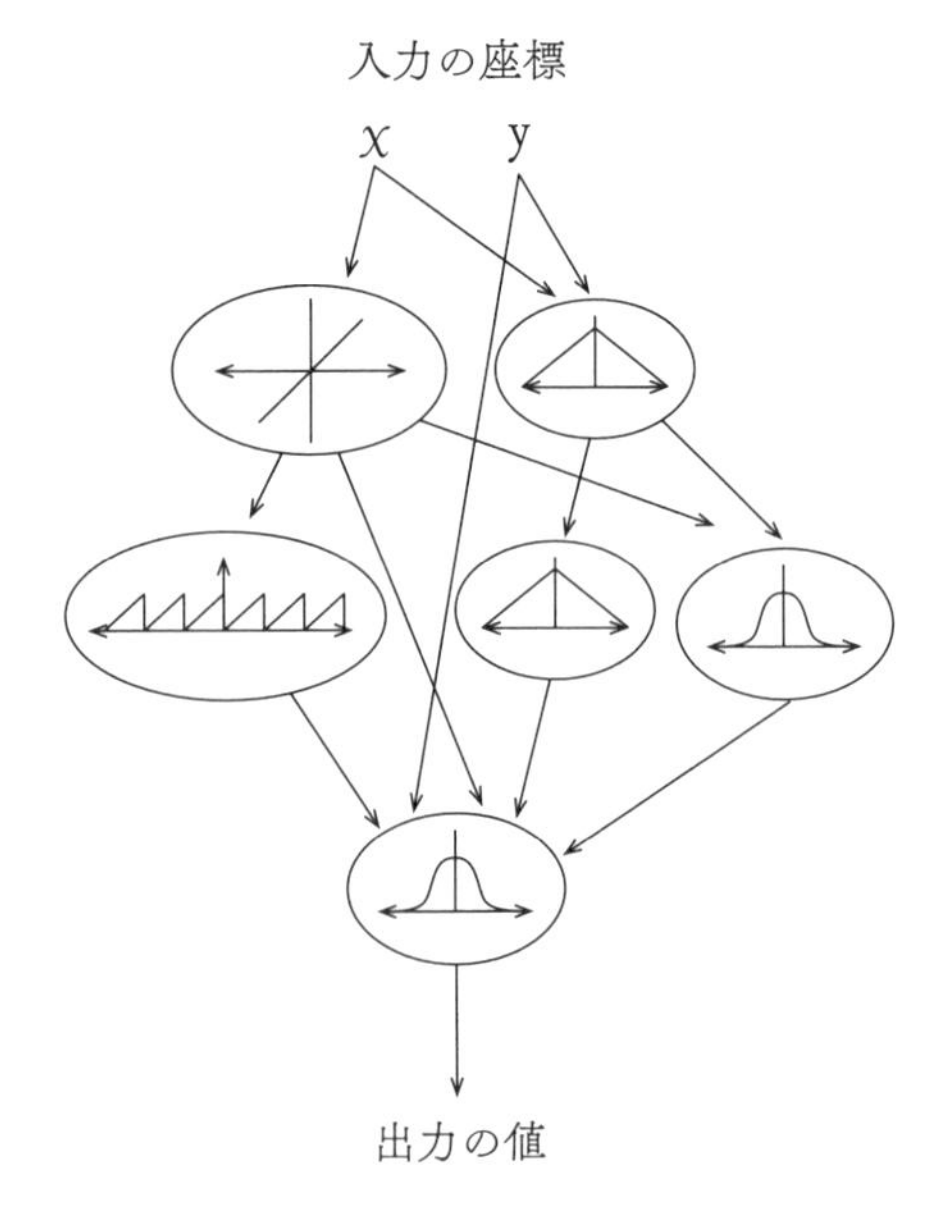

[fig.2-6] CPPNのネットワーク
Kenneth O. Stanley, Compositional pattern producing networks: A novel abstraction of development, Genetic Programming and Evolvable Machines 8(2):131-162, 2007. よりfig.4を参考に作成

よって計算する。こうしてCPPNを介すことで、あらゆるニューラルネットワークの構造を非常にコンパクトに表現することができるようになる。

たとえば、図[fig.2-8]に示すような対称性や規則性のあるニューラルネットワークの規則的な接続パターンを、CPPNのコンパクトなネットワークによってつくり出すことができる。

[fig.2-7] CPPNがつくる空間パターン。(a)対称 (b) 非対称 (c) 変化を伴う繰り返し
Kenneth O. Stanley et al, A Hypercube-Based Indirect Encoding for Evolving Large-Scale Neural Networks, Artificial Life Journal 15(2), 2009. よりfig.3を引用

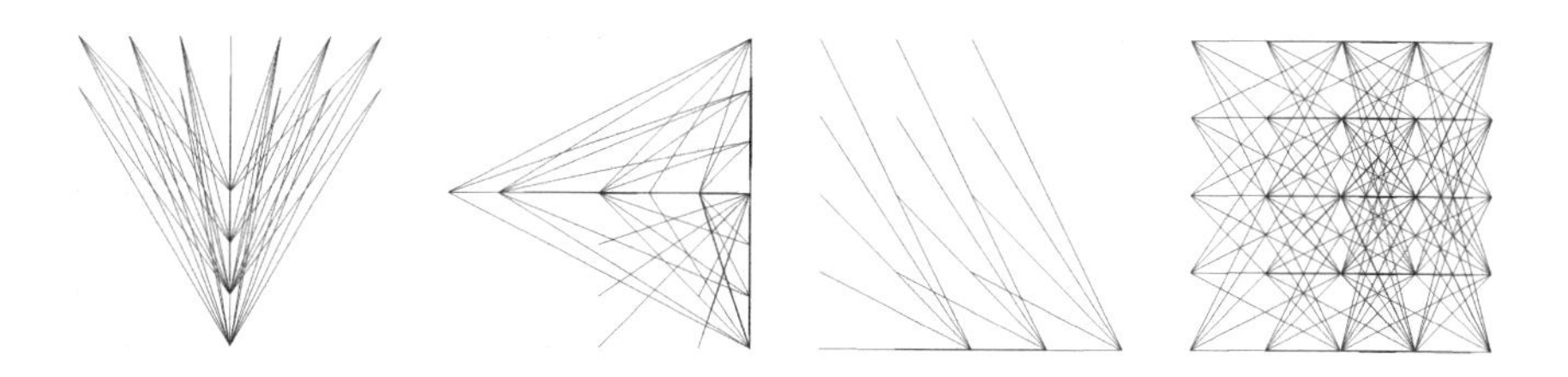

[fig.2-8] CPPNがつくるニューラルネットワークの接続パターン。(a)対称 (b) 非対称 (c) 繰り返し (d) 変化を伴う繰り返し
Kenneth O. Stanley et al, A Hypercube-Based Indirect Encoding for Evolving Large-Scale Neural Networks, Artificial Life Journal 15(2), 2009. よりfig.5を引用

シムズを超える仮想生物の誕生

NEATとCPPN。前置きが長くなったが、このふたつを組み合わせ、非常に大きなニューラルネットワークの進化が可能になった。CPPNの構造をNEATで進化させるのだ。そうすることで、たとえば数十個の接続しかないCPPNで、数百万個の接続をもつニューラルネットワークを生成できる[18]。

ニューラルネットワークをCPPNとNEATで進化させるアルゴリズムは、HyperNEATと呼ばれる。HyperNEATで進化したニューラルネットワークは、従来の手法ではつくり出すことができなかった、さまざまな種類の規則性をもつように進化する。

柔らかい素材を使った仮想生物の進化を実現したリプソンらも、HyperNEATを使うことで、多様で面白い形態と行動をもった仮想生物を生み出すことに成功した。そして、生み出された仮想生物は、対称性や繰り返しといった自然界の生物に見られる特徴をもち、多様に生き生きと動く。

CPPNを使わずに、ニューラルネットワークの構造をNEATで直接進化させた仮想生物と比べると、構造の違いは歴然だ。HyperNEATの仮想生物は、組織の似た材質の均質なパーツで構成されている。一方、NEATのみを用いた仮想生物は、さまざまな材質のパッチがランダムに散らばり、同じ材質がつながった構造をつくられていない[fig.2-9]。均質な構造があると、たとえばそれが筋肉の固まりのような役割を果たし、ジャンプ、バウンド、ステップなどさまざまな行動が可能になる。

身体と脳の共進化をはじめて示した、シムズの研究から約20年。NEATやCPPNという発明を経て、やっとシムズの仮想生物を超えることができた。

最後にもうひとつ、この発展に貢献しているものがある。それは、計算機パワーの飛躍的な進歩だ。古典的な機械学習のアルゴリズムの多くが、膨大な計算資源を活用するようにスケールアップすると、質的に異なる遥かに優れた性能を発揮する。この10年で人工知能の分野で主流となった「深層学習」はその典型例である。深層学習の元となる考え方は1980年代に登場していたが、2012年に世界的な画像認識のコンペティションで、深層学習を使った方法が次点に大差をつけて優勝し、広く注目されるようになった。この成功を受けて、深層学習は、画像認識から動画認識、

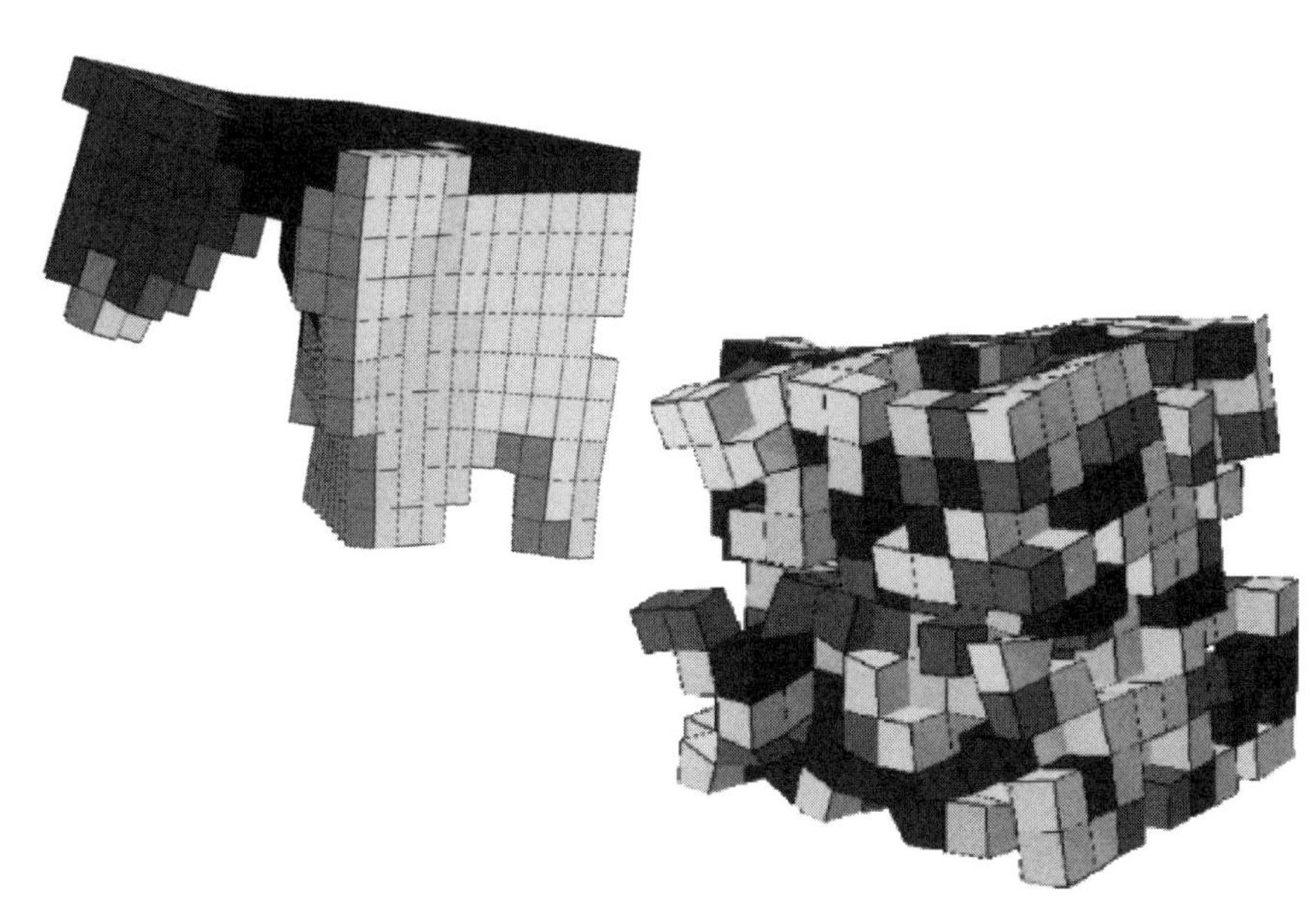

［fig.2-9］CPPN-NEAT（HyperNEAT）を用いて進化させた仮想生物（左）とNEATのみで進化させた仮想生物（右）

Nick Cheney et al, Unshackling Evolution: Evolving Soft Robots with Multiple Materials and a Powerful Generative Encoding, GECCO, pp. 167–174, 2013. よりfig.6, 7を引用

音声認識へとその応用範囲を広げ、最近では、GPT-3に代表される言語認識や言語生成などの分野に導入され、その多くが技術的なブレイクスルーを起こしている。
人工進化も、最新の計算機パワーを利用して、スケールアップすることで優れた性能を発揮し始めている。リプソンのソフトな仮想生物は、人工生命の分野を中心に考案されてきた独創的なアイデアがようやく軌道に乗り、自然における進化のように人工進化も革新的な役割を発揮する予兆を示している。

さて、Ch.2を通して、人の手で設計した相互作用であれ、人工進化で獲得するものであれ、身体と環境との相互作用の結果生み出される人工生命の創発現象をみてきた。これらは個体が生み出す創発現象だ。
一方、個体が集まり相互作用し、集団となったときに生み出される創発現象もある。人工生命の研究は、単純な個々の相互作用のルールから、複雑で興味深い創発現象をつくり出してきた。それを次にみていこう。

参考文献

[1] Lawrence E. Williams, John A. Bargh, Experiencing physical warmth promotes interpersonal warmth. Science,

322(5901):606-607, 2008.

[2] Spike W. S. Lee, Norbert Schwarz, Bidirectionality, Mediation, and moderation of Metaphorical Effects: The Embodiment of Social Suspicion and Fishy Smells, Journal of Personality and Social Psychology, 103(5):737-749, 2012.

[3] Weight as an Embodiment of Importance, Psychological Science, 20(9):1169-1174, 2009.

[4] ユクスキュル、クリサート著／日高敏隆、羽田節子訳『生物から見た世界』（岩波文庫、２００５年）

[5] Immanuel Kant, Stanley L Jaki, Universal natural history and theory of the heavens, Edinburgh: Scottish Academic Press, 1981.

[6] ロルフ・ファイファー、ジョシュ・ボンガード著／細田耕、石黒章夫訳『知能の原理―身体性に基づく構成論的アプローチ』（共立出版、２０１０年）

[7] Tad McGeer, Passive Dynamic Walking, The International Journal of Robotics Research, 9(2):62-82, 1990.

[8] Eric Brown, Nicholas Rodenberg, John Amend, Annan Mozeika, Erik Steltz, Mitchell R. Zakin, Hod Lipson, Heinrich M. Jaeger, Universal robotic gripper based on the jamming of granular material, PNAS, 107 (44):18809-18814, 2010.

[9] Rodney A. Brooks, A robust layered control system for a mobile robot, Robotics and Automation, IEEE Journal of Robotics and Automation, 2(1): 14–23, 1986.

[10] Rodney A. Brooks, Intelligence without representation, Artificial Intelligence, 47(1-3):139-159, 1991.

[11] John H. Holland, Adaptation in Natural and Artificial Systems: An Introductory Analysis with Applications to Biology, Control and Artificial Intelligence, University of Michigan Press, 1975.

[12] Adrian Thompson, An evolved circuit, intrinsic in silicon, entwined with physics, Proceedings of the First International Conference on Evolvable Systems: From Biology to Hardware (ICES ’96), pp.390–405, 1996.

[13] Karl Sims, Evolving virtual creatures, In proceedings of the 21st annual conference on Computer graphics and interactive techniques (SIGGRAPH'94), pp.15–22, 1994.

[14] Nick Cheney, Robert MacCurdy, Jeff Clune, Hod Lipson, Unshackling Evolution: Evolving Soft Robots with Multiple

Materials and a Powerful Generative Encoding, In proceedings of the 15th Annual Conference on Genetic and Evolutionary Computation, pp.167–174, 2013.

［15］本川達雄 著『ウニはすごい バッタもすごい―デザインの生物学』（中公新書、２０１７年）

［16］Kenneth O. Stanley, Evolving Neural Networks through Augmenting Topologies. Evolutionary Computation Volume 10: 99-127, 2002.

［17］Kenneth O. Stanley, Compositional pattern producing networks: A novel abstraction of development, Genetic Programming and Evolvable Machines 8(2):131-162, 2007.

［18］Kenneth O. Stanley, David B. D'Ambrosio, Jason Gauci, A Hypercube-Based Encoding for Evolving Large-Scale Neural Networks, Artificial Life, 15(2):185-212, 2009.

Chapter 3

相互作用

3-1

個体間の相互作用がつくる創発現象

集団がつくる新たな振る舞い

個々の個体ではなし得ないことが、集団でこそ可能になることがある。人工進化を通して、集団で探索するパワーをみてきた。しかし、集団の重要性はそれだけではない。生命の個体同士は、多様で社会的な「相互作用」——模倣する、協力する、裏切る——を通じてさまざまな関係性を用いた「創発」をみせる。個体の相互作用から、新たな全体的な振る舞いが創発するのだ。創発が起きる条件を突き止めることは、オープンエンドをつくり出す要因を示唆する意味で重要である。

たとえば、アリは、フェロモンで仲間と情報を伝え合うことで、巣穴付近にある最も近い餌を見つけたり、迷わず巣に戻ったり、天敵から逃げることができる。フェロモンとは腹部から分泌される匂い物質で、餌を見つけたアリが「道しるべフェロモン」を分泌しながら巣に戻ることで、仲間は餌の場所を知ることができる。一方、天敵を見つけた場合は「警報フェロモン」を分泌し、危機を仲間に伝える。アリが分泌するフェロモンは揮発性が高く一分程度で気化するが、次々とフェロモンを辿る仲間たちによって新たなフェロモンが分泌されることで濃度が高まり、餌までの道しるべとなる。

もし、アリ一匹で餌場への最短経路を発見しないといけないとすると、記憶したり距離を比較したりといった、非常に高度な認知能力が必要となる。アリは昆虫の中でも視力が良いほうで、巣穴の周りの景色を覚えられたり、雲に隠れていても太陽のある方向がわかったりするが、それでもアリ単体の能力で最短経路を見つけるのは困難だ。一方で、集団の最短経路探索は「フェロモンを分泌し、最も濃度の高いフェロモンを辿る」というとても簡単なメカニズムで実現できる。

アリの例にみるような、個体間の局所的な相互作用があると、集団として新たな高度な動きやパターンが創発する。創発のメカニズムを利用すると、単純で柔軟かつ頑健な方法で新たな集団の振る舞いをつくることができるのだ。

エージェント・ベース・モデル

創発的な振る舞いは、部分に分解すると、個体間の動的関係性が失われてしまう。そのため、個々の振る舞いを理解しても、集団の振る舞いを理解することはできず、別のアプローチが必要になる。そこで生み出されたのが「エージェント・ベース・モデル」だ。

エージェント・ベース・モデルは、コンピュータのプログラムでモデルを構築し、条件を変えながらシミュレーションを行い、集団の創発的な振る舞いを調べる方法だ。そしてその狙いは、集団行動を生成するのに十分な、局所的メカニズムを発見することにある。アリが集団でエサを見つける、巣に戻る、天敵から逃げるという行動を観察し、分析するだけでなく、集団行動を生成し得る局所的なルールを見つけようというわけだ。

人工生命の初期の成果は、単純な個々の相互作用のルールから、複雑で興味深い時空間パターンをつくり出せることを、エージェント・ベース・モデルで示したことであった。ライフゲームやボイドモデルがその典型例だ。これらふたつのモデルのルールと創発するパターンをみてみよう。

生命のパターンをつくり出すライフゲーム

ライフゲームは、イギリスの数学者ジョン・コンウェイが提案した、生物集団の成長を模倣するパターンをつくり出すモデルだ。

ライフゲームはコンピュータ上で動き、無限に広がる方眼紙やオセロの盤のような空間に、黒と白の点がつながったり、反転したりしながら、生命の複製や淘汰といった生命の基本原理に似たパターンを生み出す。実にさまざまなパターンを生み出すライフゲームだが、すべてのパターンは4つのとてもシンプルなルールからつくれてしまう。オセロ盤を埋めるように、白黒どちらかのコマが置かれているとしよう。死んでいるコマは白、生きているコマは黒とする。そして、コマの生死は時間ステップごとに、3つのどれかの状態——死んだり、生き返ったり、そのままだったり——に変化する。死ぬか、生き返るか、変わらないかは、周りの8個のコマと自分自身によって決まる。生きているコマが生き延びるのは、2つか3つの生きているコマに囲まれているときのみで、それ以外のときは、人口過剰か人口過疎で死んでしまう。そして、生き返ることができるのは、周りの生きているコマがちょうど3つのときだけ、というルールだ[fig.3-1]。周りに生きているコマが多すぎても少なすぎても死んでしまう、というとてもデリケートな人工生物だ。このルールからどんなパターンをつくり出せるか想像できるだろうか？

ランダムに白黒を配置すると、チカチカと白黒が代わり、少し動きを見せるパターンが現れたりするが、ほとんどの場合、数秒でそうした動きはなくなり変化が起きなくなる。どのようなパターンになるかは、オセロ盤の初期状態で決まる。

そこで、ものすごく精巧に初期配置をデザインすることによって、シンプルなルールからは想像もできないような複雑なパターンをつくり出すことができる。

たとえば、5つの生きているコマを矢印のような形にうまく配置すると、矢印のパターンが壊れずにずっと空間を移動していく「動く」パターンができる。そして、この矢印のコピーをずっとつくり続けるような「複製」する構造もつくり出せる。さらに自分で自分をシミュレートする、生命の「自己言及」を思い起こさせるような構造さえつくり出せてしまう。人工生命という言葉の生みの親であるクリストファー・ラントンは、研究室で夜遅く作業をしていると、背後のスクリーンでうごめくライフゲームに「生命」をみてとり、震撼したという。「動

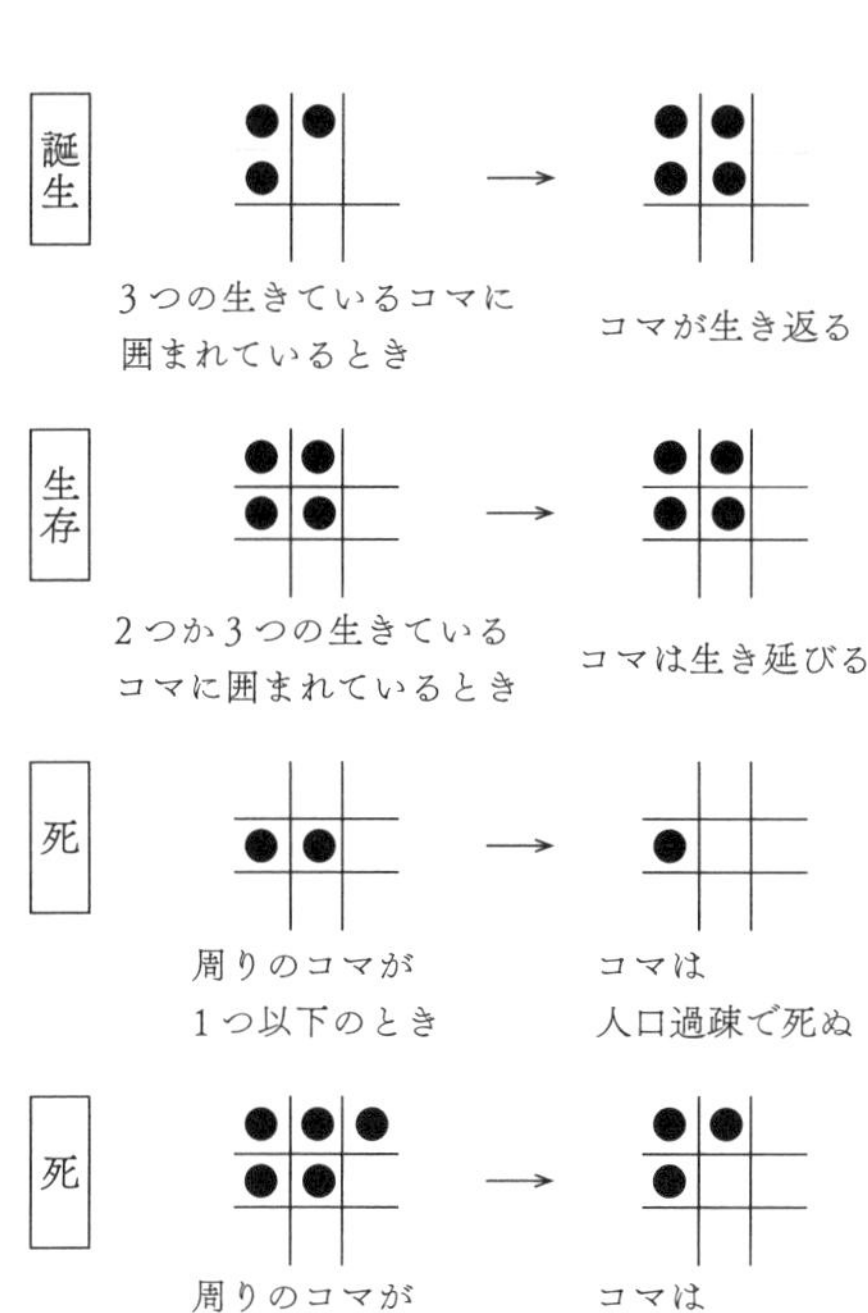

［fig.3-1］ライフゲームのルール

ところに、その所以があるかもしれない。
き」「複製」「自己言及」といった、生命の基本原理となるパターンでさえつくり出せてしまう

群れをシミュレーションするボイドモデル

もうひとつ、エポックメイキングな人工生命のエージェント・ベース・モデルが、アニメーションプログラマであったクレイグ・レイノルズが1986年に考案したボイドモデルだ。レイノルズは、鳥を模した「ボイド」と呼ばれるプログラムを作成し、鳥の群れの行動をつくり出してみせた[1]。

ボイドは、群れのリーダーを据えず、すべての鳥が情報交換するようにプログラムすることもなく、群れの動きをつくり出すことができた。それぞれの鳥は近くにいる数匹の鳥に気を配り、3つの単純なルールに従っているだけだ。ひとつ目のルールは、近くにいる鳥にぶつからないように衝突を回避する。次のルールは、近くの鳥と飛ぶスピードと方向を合わせる。最後のルールは、鳥が多くいる方向に向かうようにする。これらのルールは、この順番に適用される。つまり、衝突回避が最も優先され、衝突が起こらない場合は、近くにいる数匹の鳥に合うようにスピードと方向を調整し、最後に、衝突も起こらず、方向やスピードも一致していれば、仲間の群れに少しずつ近づいていく[fig.3-2]。

この3つのルールを制御するパラメータを調整すると、かなりリアルな鳥や魚の群れのような動きをつくり出せる。障害物があって群れが分かれても、また合流する様子をみせる

[fig.3-3]。またモデルの拡張性も高く、餌を群れで追いかけたり、外敵などの危険から群れが避けたり、といった改良も次々と提案された。

ボイドモデルは、まずＣＧアニメーションの世界で画期的な方法として受け入れられた。群れのような動きをつくるために、一つひとつのエージェントを制御する作業からクリエイターを解放したのだ。レイノルズらが自らつくった『Stanley and Stella in: Breaking the Ice』というＣＧ短編アニメーションを皮切りに、１９９２年には、ティム・バートン監督の映画『バットマン リターンズ』でも用いられ、コンピュータで生成されたコウモリの群れやペンギンの軍隊がゴッサムシティの街を行進するシーンを生み出した。その他、『ライオンキング』のヌーの群れや、『クリフハンガー』の洞窟のコウモリなどにもボイドモデルが使われた。ボイドモデルは、アニメーションの世界に革命的な変化をもたらしたのだ。

ライフゲームを通じて、ローカルな規則からグローバルなパターンが創発してくること、そして、ボイドモデルから、簡

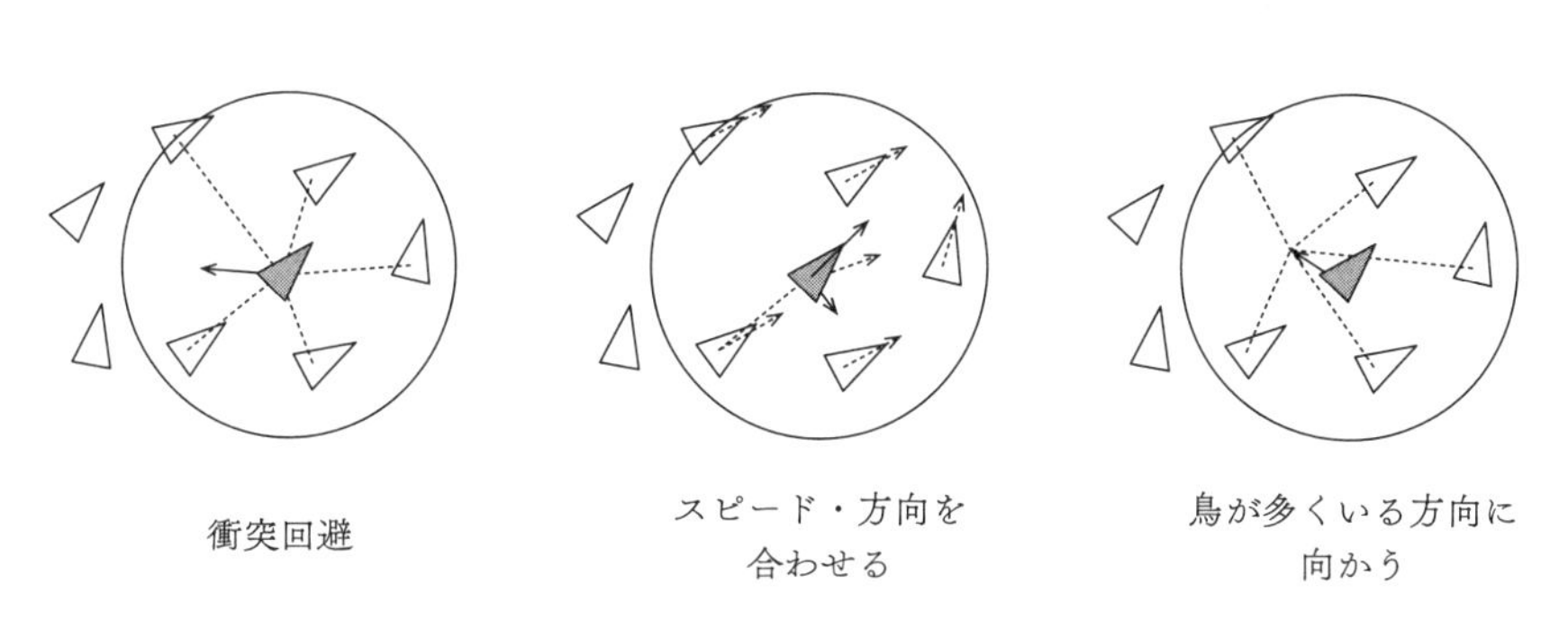

[fig.3-2] ボイドモデルのルール
Rosario De Chiara et al, Massive Simulation using GPU of a distributed behavioral model of a flock with obstacle avoidance, VMV, pp.233-240, 2004. を参考に作成

単な規則から鳥のような群れの動きがつくれることをみてきた。どちらも、個体間の簡単な相互作用の集合から生み出される創発現象だ。ライフゲームは、生命の本質的なパターンを創発することを示し、ボイドモデルは、アニメーションの業界に革命をもたらした。しかし、それだけではない。個体間の相互作用が創発現象を生み出すという概念は、生物学者のそれまでの鳥の群れの理解に新たな視点をもたらした。

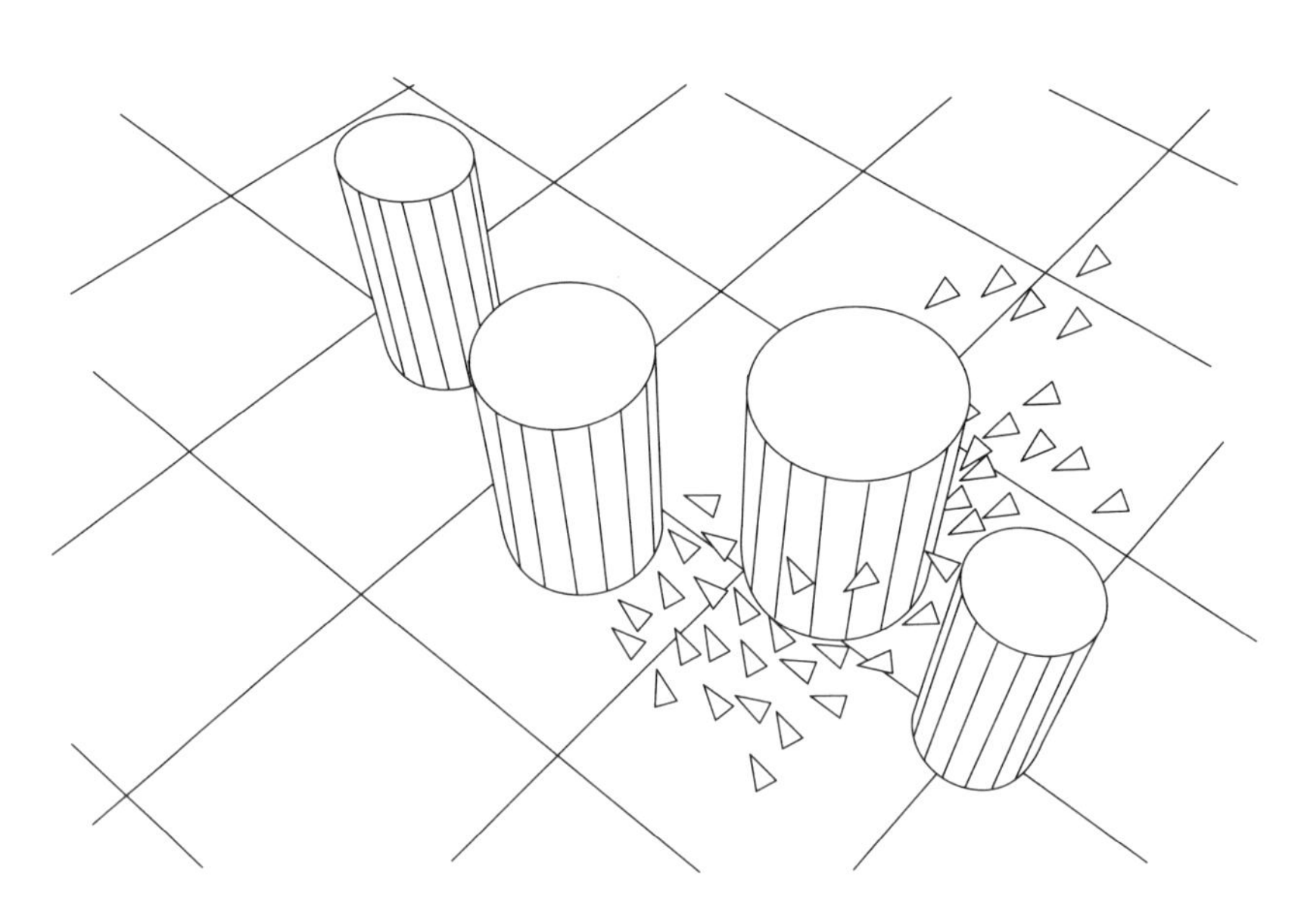

［fig.3-3］ボイドモデルによる群れ
https://www.red3d.com/cwr/boids/を参考に作成

3―2 自然界における鳥の群れ

トップダウンからボトムアップな理解へ

ボイドモデルが革命的な変化をもたらしたのはアニメーションの世界だけではない。生物学者のそれまでの動物の集団行動に関する考え方にも大きな変化をもたらした。

鳥の群れに限らず、魚の群れ、昆虫の群れ、動物の群れなど、それらが個々の集まりではなく、まるでひとつの生物であるかのように動く様子は、昔から人々の関心のテーマだった。何百羽もの鳥がどのようにして飛び立つタイミングを合わせせられるのか、群れが急に曲がるとき、誰がどちらに曲がるかを決めているのか？　どのようにその情報を伝えているのか？

こうした疑問に対して、鳥の群れに関する初期の研究では、人間社会のようにリーダーの役割をする鳥がいるのではないか、と考えられていた。群れという全体構造を要素に分解して、それを生み出すためにそれぞれの鳥をどのように組織化できるかを問う、トップダウンでグローバルなアプローチだ。

ボイドモデルは、この考え方をひっくり返した。ボトムアップでローカルなアプローチを示したのである。鳥たちのローカルな相互作用の仕方を定めるだけで、群れの構造はボトムアップに創発する、という新しい概念を持ち込んだのだ。

鳥の群れとボイドモデル

ボイドモデルによる鳥の群れのシミュレーションはリアルで素晴らしいが、これらから本物の鳥の群れについてどれくらいわかるのだろうか？　最近まで、大規模な群れをつくる鳥の動きについてはほとんどわかっておらず、この疑問に答えることはできなかった。鳥の群れを撮影した動画はたくさんあるが、そこから、個々の鳥の動きを三次元的に追跡する技術がなかったのだ。研究者たちはさまざまな群れのモデルや理論を提案していたが、それらがどのくらい実際の鳥の実態を捉えているのか、実際の鳥の群れと比較する研究は行われてこなかった。

2000年代に入り、技術やカメラの精度が向上したことをはずみにこの状況を変えたのが、イタリアの研究者、アンドレア・カバーニャ（Andrea Cavagna）やジョルジョ・パリージ（Giorgio Parisi）が率いるグループだ。カバーニャたちは、4000羽ものムクドリの群れの個々の動きを追跡することに世界ではじめて成功した[2]。数年かけて収集したデータをもとに、カバーニャたちが立てた最初の問いは、「どのような相互作用がこの行動を支配しているのか」だった。そして分析の結果得られた知見は、「群れは局所的な相互作用によって維持されている」というボイドモデルを支持するものであった。

一方で、異なる点も明らかになった。ボイドモデルでは、鳥は、自分の位置から一定の距離にいる他のすべての鳥と相互作用する。しかし、カバーニャたちの分析からは、鳥は距離に関係なく、周りにいる一定数の鳥たちと情報交換していることが明らかになった。近傍を構成する鳥の数は、6〜7羽。実際の鳥は、距離に関係なく、常に同じ数の鳥と相互作用している[fig.3-4]。なぜ距離ではなく数なのであろうか。それは、そのほうが大きな結束力をもつことができるからだ。距離に関係なく、周りの鳥と相互作用を保てると、鳥同士の距離が変化しても群れを保つことができる。鳥たちは外敵からの驚異にさらされているため、常に群れの密度や形を変えながら動いている。もしここで、距離に応じて相互作用していたら、簡単に相互作用が外れてしまい、群れから離れてしまう。

なぜ6〜7羽か。この数字の理由は明らかになっていないが、カバーニャたちは、別の実験から、鳥の認知能力の限界を表しているのではないかと推測している。実験は次のようなものだ。ハトにふたつの異なる数の餌が入った皿を見せる。たとえば、ひとつの皿には3粒、もうひとつの皿には4粒といった具合だ。そして、多い皿から餌を拾うように訓練する。そうすると、3と4、4と5、そして6と7までは区別できるが、それを超えるとハトが2つの数を区別できなくなったのだ。

ここでもうひとつの疑問が湧いてくる。周りの6〜7羽としか相互作用していないのに、なぜ全体として協調的な動きをつくり出し、集団全体で迅速に反応することができるのだろうか。

直感的には、隣の鳥としか相互作用していなくても、その隣の鳥は、自分の隣にいる別の鳥とも相互作用している

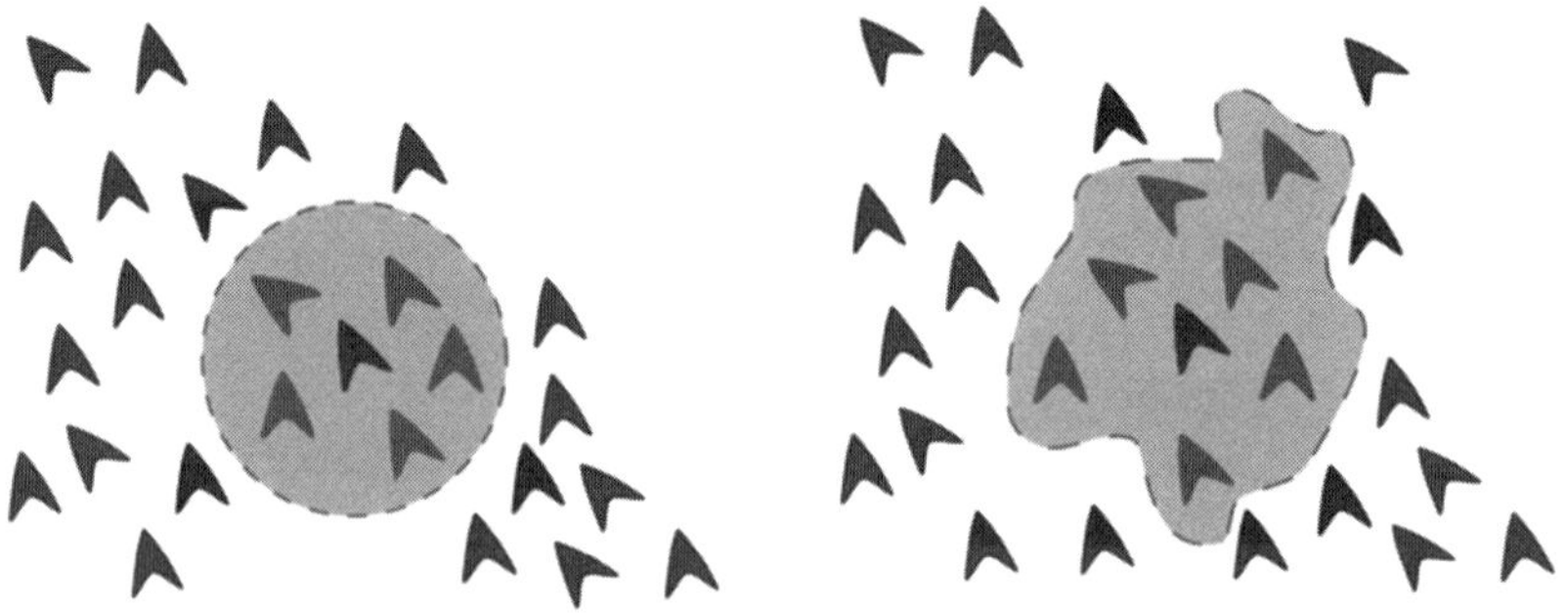

［fig.3-4］距離で相互作用するボイドモデル（左）と数で相互作用する実際の鳥（右）
Martin Zumaya et al, Delay in the dispersal of flocks moving in unbounded space using long-range interactions, Scientific Reports:8:15872, 2018. よりfig.1を引用

ため、間接的なつながりで群れがつくられるからだ。このような弱いつながりで十分に全体として機能する。このような間接的に情報が伝達される関係を、物理学の言葉で「相関関係(correlation)」という。

一羽の動きが群れ全体に伝わる

相互作用の範囲と、相関関係はふたつの異なる尺度である。伝言ゲームを例にこのふたつの尺度の違いを考えよう。

伝言ゲームで、誰もが右隣の人にメッセージをささやき伝えていくとする。そうするとある時点、たとえば10人でメッセージが変わってしまい、元のメッセージを伝えることができなくなったとする。このとき、直接の交流範囲が相互作用だ。この伝言ゲームの場合、1人としか話さないので、相互作用の範囲は1になる。一方、相関関係は、お互いに直接会話しなくても情報や行動が伝わる空間的な広がりをいう。この伝言ゲームの場合は、10となる。物理学の言葉では、これを「相関長」という。相互作用の強さが相関長を決める。

ムクドリの相互作用の範囲は6〜7羽であった。それでは、ムクドリの相関長はどうなっているだろうか。カバーニャたちが調べてみると、ムクドリの群れの相関長は群れ全体のサイズとなっていて、群れの反対側の鳥でもつながりを保つことができるようになっていた。さらに驚くことに、相関長は群れの成長とともに大きくなる。つまり、ムクドリの群れのサイズが100羽、1000羽、1万羽と大きくなっていっても、サイズに合わせて相関長も大きくなるのだ。ムクドリが6～7羽の隣の鳥としか話さないとしても、その数を遥かに超えて、非常に遠くまで情報を伝播することができる。一羽一羽の情報を、距離に関係なくすべての仲間に伝えることで、群れがひとつになって反応することを可能にしているのだ。

人間の伝言ゲームの場合はそうはいかない。30人いる部屋で、相互作用が1の伝言ゲームを行ったとしよう。はっきりとした口調でメッセージを伝えるように各自が注意を払い、奇跡的に相関長を30にできたとする。そこで、新たに30人を追加したときに、相関長を60にすることができるか、というとそうはいかない。よりはっきりとした大きな声で伝える、もっとゆっくりと伝えるなど、相互作用の強さを変えない限り、メッセージを間違わずに届けられるサイズは30のままだ。このように、多くのシステムの相関長には制限が存在する。

なぜ鳥の群れには同じような相関長の制限がないのだろうか？　厳密な答えはわかっていないが、カバーニャたちは、群れが「臨界点」で動いている可能性がある、と説明している[6]。臨界点とは、情報が無限大に伝わる——相関長が無限大に発散する——状況である。鳥の群れの場合、何がその臨界点をつくっているのかはまだわかっていない。

こうした疑問に答えるためにも、ボイドモデルのようなエージェント・ベース・モデルは有益なツールとなり得る。フィールドワークでは行うことができなかった、反復可能な対照実験を可能とするからだ。たとえば、データで取得される実際の鳥の動きを再現するようなパラメータと臨界点の関係に注目した分析を行えば、これまでわからなかったメカニズムの解明につながっていくだろう。

モデル自体の探求が新たな理解をもたらす

エージェント・ベース・モデルを使うと、現実の世界では起こらないような鳥の群れのシミュレーションも可能だ。たとえば、100万匹や1000万匹の鳥が群れるといった、現実ではほぼ起こらないだろう現象をつくり出すことができる。それが何の役に立つのかと疑問に思うかもしれないが、現実世界ではありえないような数のシミュレーションをすると、「群れ」という創発現象に関して新たにわかることがある。

ボイドモデルでの個体の数を増やしていくと新たな創発が起こるのだ。

それが、本武陽一や丸山典弘（当時、池上研博士課程在籍）らが行ったスーパーコンピュータを使った実験だ[3]。通常は、扱う個体の数が、数百、大きくても数千のオーダーでしか試されてこなかったボイドモデルを、スーパーコンピュータの力を使って大きくしたらどうなるかをみてみたのだ。

本武らは、1千、1万、10万、100万と密度を一定にしたまま個体の数を増やしていきシミュレーションを走らせた。すると、面白いことに小さい数のボイドモデルからはみられないような新しい創発現象が観察された。数千を超えたあたりから新しい群れの運動が始まり、丸いかたまりの群れと、蛇のようにうねった細い群れが出現したのだ。さらに、群れの中の個体の動きに注目すると、小さい群れではみられない動きがあることがわかった。

小さい群れの中の個体は、隣と揃うルールに従ってまっすぐに動くことがほとんどだ。しかし、巨大な群れの中では、個体の動きは多様化する。群れの外側に近いところにいる個体は、その速度を増して揃って飛んでいく。一方で、群れの中央に近いところにいる個体は、ランダムに動く。個体数を大きくしただけで、個体の動きの分化がみられたのだ。おそらく、個体の数を増やした結果、小さい群れの自由度ではみられなかった複雑な運動が生まれたのだ。

　ボイドモデルは、「群れ」という一回の創発現象をつくり出したところで終わってしまい、それから進化することはないと思われてきた。しかし、群れがとても大きくなると、大域的な現象が、局所的な相互作用を変化させるという、新しい創発現象が生まれてきた[fig.3-5]。

　実世界との比較だけではなく、モデル自体を探求することでマクロな現象がミクロな相互作用をつくり出すという理解を

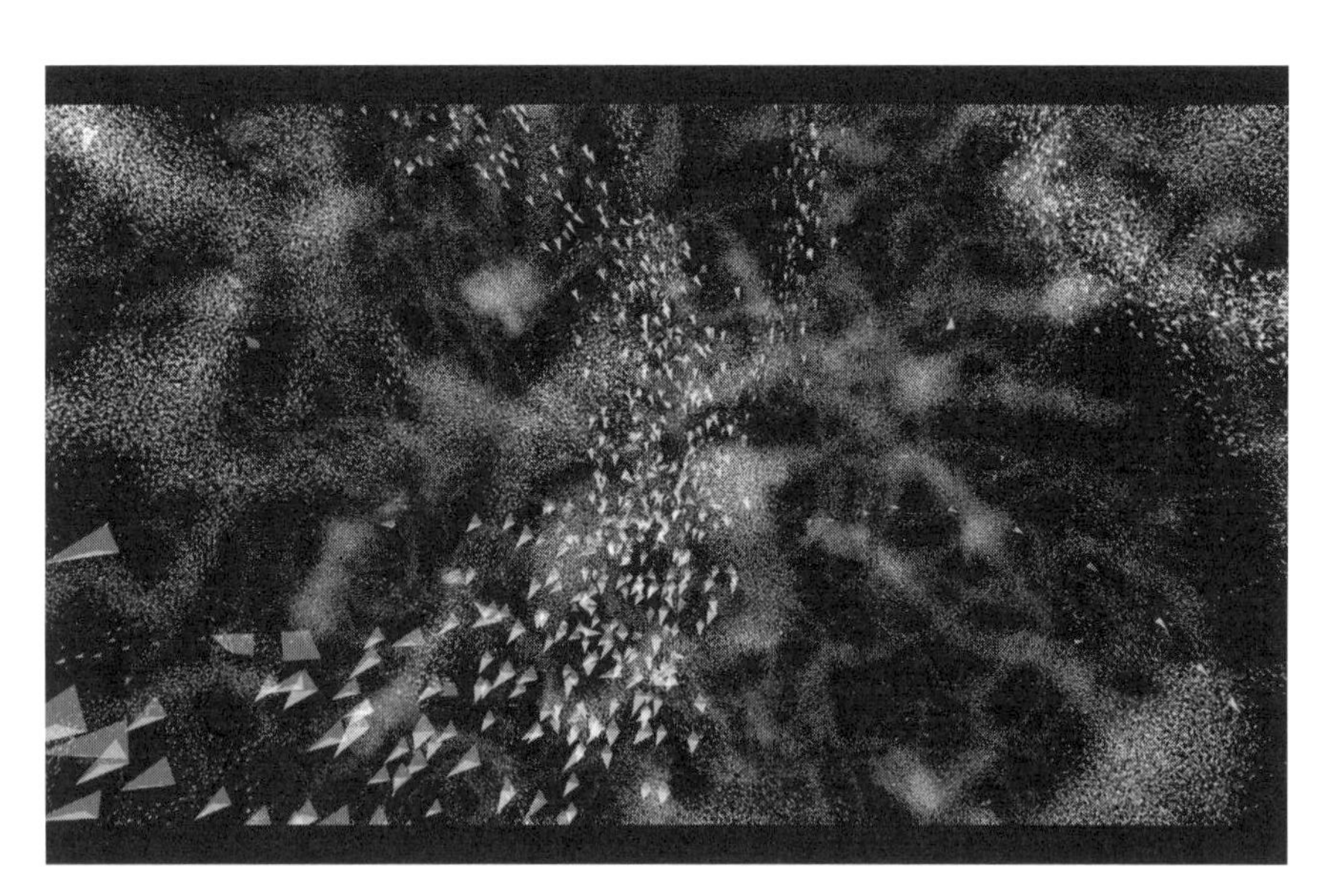

[fig.3-5] 大規模なボイドモデルシミュレーション
提供:池上高志・丸山典弘

もたらすことも、エージェント・ベース・モデルの強みである。

鳥を追跡する技術の向上により、群れがデータ化され、ボイドモデルがその実態を捉えていることが明らかになった。

鳥の群れのような協調的な行動は、個体では得られない集合的な利益——群れることで外敵から身を守る——を生み出す。だが、もしそれぞれが個々の利益を追求し始めるとどうなるだろうか。そうした状況でも、集団として協調現象が生まれてくるのだろうか。生まれてくるとしたら、どのような相互作用がそれを可能とするのだろうか。これらの疑問に対する人工生命のアプローチを次でみていこう。

3——3

協調的な集団

対立する個人の利益と社会の利益

人間社会は、個人では得られない集合的な利益を生み出すことがある。しかし、個人の利益と社会全体の利益は対立する。自分自身の欲求を満たすような個人の利益を生む行動の多くは、社会全体にとって非協力的行動であることが多く、社会的ジレンマを引き起こすのだ。たとえば、パンデミック禍で外出することは、個人にとっての利益につながるかもしれない。だが、多くの人が同じように外出すると、感染者が増え、自粛生活が長引く、医療機関が逼迫するといった事態が発生し、社会全体でみた利益は減少する。

どうしたら協調的な集団を創発させることができるか。個人間のどのような選択がそれを可能にするのだろうか。

この問題を考えるための有効なフレームワークが、「囚人のジレンマゲーム」だ。

囚人のジレンマゲーム

ある犯罪組織のメンバーAとBが、警察に捕まり投獄されたとする。警察は彼らを有罪にするだけの証拠がなく、自白を必要としている。そこで、警察はふたりを別々の部屋に連れて行き、連絡をとれないようにし、自白を促すためにAとBに次のような選択肢を与える。パートナーが罪を犯したことを認めれば、あなたは無罪になり、パートナーは3年間刑務所に入ることになる。もしあなたが自白せず黙っていて、パートナーが、あなたが犯人だと自白した場合は、あなたが3年間刑務所に入ることになる。ふたりとも自白せず黙秘をした場合は1年の懲役になり、もし両方とも自白した場合は2年の懲役になる。

AとBができることは、自白するか、黙秘するかのふたつにひとつだ。自白すればパートナーを裏切る（非協力的になる）ことになり、黙秘すればパートナーに協力することになる。

このような状況で、ふたりはどうするのがよいか。それは、双方とも黙秘して協力することだ。協力するときが、他の選択肢に比べて、ふたりの懲役の合計年数が最も少なくなり、ふたりという集団にとってベストな選択となる。

しかし、Aの立場で考えてみるとどうなるだろうか。もしBが黙秘すると思っているなら、Aは自分が釈放されるように自白して裏切るべきだ。反対にBが絶対に裏切ると思っているなら、自分も裏切ったほうがよい。そのほうが3年ではなく2年の懲役で済む。

Bの立場で考えても、全く同じことを考えるだろう。ふたりにとって最良の選択を考えるならば協力すべきだが、個人の立場からすると、相手が何をするかわからないときは、自白したほうが、つまり裏切ったほうが必ず得をすることになる。このような仮定のもとでは、AとBにとっての合理的な選択は、「裏切る」ことになる。

結果として、自分の状況を良くしようと合理的なふたりとも裏切る選択をすると、2年の懲役になり、ふたりが協力した場合（1年の懲役）よりも悪い結果となってしまう。自分の利益を最大にすることを考えているだけなのに、実際には自分が不利益になる状況のジレンマに陥ってしまうことを、囚人のジレンマゲームは示している。

繰り返しの囚人のジレンマゲーム

さて、一度しかゲームしないのであれば、裏切るほうが得になる。しかし、誰かと何度もこのゲームを繰り返し行い、毎回のゲームの結果によって相手の選択が変化するとどうなるだろう。その様相は異なり、裏切り合うこと以外の戦略が出現する。裏切ることがベストの戦略でなくなってくるのだ。

繰り返し行う囚人のジレンマゲームのために、高いポイントを競うゲームを考えよう。たとえば、AとBが両方とも「協力」を選ぶとそれぞれに3ポイント、片方が「協力」もう片方が「裏切り」を選択した場合、協力したほうは0ポイント、裏切ったほうは5ポイントを得る。両方とも裏切るとそれぞれが1ポイントを得ることができる。

たとえば、恨み深いプレイヤーと何度もゲームを繰り返す場合を考えてみよう。最初は協力的だが、相手に一度でも裏切られると怒り、次の手から自分も裏切り出す。そして、相手が協力に転じても怒りを鎮めることはなく、ずっと裏切り続けるという恨み深いプレイヤーだ。

このプレイヤーに対しては、裏切りからゲームを始めると、その次のゲームからずっと裏切る手が続いてしまうため、ゲームを通して得られるスコアが低くなる。一方、協力から始めれば、自分が裏切るまで相手は裏切らないため、高いスコアを得ることができる。毎回の選択が将来のゲームで相手の選択に影響するため、一回限りのゲームとは異なり、常に裏切ることがもはや個々にとって安定な戦略ではなくなる。

寛容さが強みとなる「しっぺ返し戦略」

繰り返しの囚人のジレンマゲームでは、どのような戦略が高いスコアを出すことができる合理的な戦略になるのだろうか？

その答えを探るために、ミシガン大学の政治学者ロバート・アクセルロッド（Robert Axelrod）は、誰でも参加できる大会を開催した[4]。参加者は、囚人のジレンマゲームの戦略をコンピュータプログラムとして提出する。世界中から14の戦略が集まった。そして、大会側が用意した最もシンプルな戦略――50％の確率で協力・裏切りを選ぶ――を追加した合計15の戦略を戦わせ、平均スコアを争った。それぞれ200ラウンドずつ対戦させ、両方が協力して200ラウンド戦うと、それぞれが600点を得る。反対に、両方が200ラウンド裏切り続けると、それぞれが200点しか得られない。片方がずっと裏切り、もう片方がずっと協力した場合は、裏切ったほうが1000点、協力したほうは0点となる。裏切りと協力を交互に繰り返すと、それぞれが500点を得る。

さて、どのような戦略が優勝したのだろうか。

優勝したのは、Tit-for-Tatと呼ばれる戦略だった。Tit-for-Tatは「しっぺ返し」戦略と呼ばれ、最初のラウンドは協力し、それ以降は相手が前回行った選択をコピーするだけだ。前回相手が裏切っていれば裏切り、協力していれば協力する。シンプルながら、これはかなり有効な戦略だ。

Tit-for-Tatが強い理由は、仕返しもするが、同時にすぐに許すという寛容さにある。裏切られた場合にはすぐに裏切りで応戦するが、相手が協力に転じたら、すぐに協力的になる。裏切り行為には罰することによって損失をある程度防ぎ、同時に相手が裏切るのを思いとどまらせる効果がある。

Tit-for-Tatから裏切ることはないことも強さの要因だ。相手が協力をある程度示していると、裏切ることでポイントを稼ぎたくなる。しかし、実際に裏切るとすぐにしっぺ返しされるため、お互いのポイントが低くなってしまい、裏切りにはリスクが伴う。簡単な解決策は、裏切る誘惑に打ち勝ち、協力関係を維持することだ。協力することから始め、相手に裏切られて報復する必要がない限り、絶対に自分からは裏切らない。この戦略は、特に相手も同じ戦略をとっている場合に、良い結果につながる。自分からは裏切らない、「紳士的（nice）」な戦略だ。「自分からは裏切らない」という紳士的な戦略は、大会に提出された上位8個の戦略に共通していた。8個のうち最も平均スコアが低かったのは、先に紹介した恨み深い戦略だ。自分からは裏切らないが、一度裏切られると、相手が協力してきてもずっと裏切り続けるという恨み深さは、恨まれたほうだけでなく、恨んだほうにも損失を与える。

架空の選手権

Tit-for-Tatはどのくらい強い戦略なのだろうか。もし、エントリーした戦略が異なっていたら、結果は異なっていただろうか。この答えを探るために、アクセルロッドは2回目の大会も開催し、66の戦略が集まった。ここでも優勝したのはTit-for-Tatであった。

シンプルながら強さをみせつけるTit-for-Tatがどのくらい強いかをさらに検証するために、アクセルロッドらは、「架空の選手権」と呼ぶシミュレーション実験を行った。3回目、4回目の大会を続けて行うことを考えたとき、得点が低かった戦略は再挑戦してこないようになる。反対に、得点が高かった戦略は、次の大会にも続けてエントリーすると考えられる。こう考えると、好調な戦略はますます幅を利かせるようになり、不振な戦略は大会を追うごとに数が減っていき、対戦する機会が少なくなるはずである。

そこで、前の世代の各戦略の得点に応じて、次の世代で各戦略をとるプレイヤーの人数を決めるようにシミュレーションを設定し、大会の結果の推移を模擬的に分析した。たとえば、Tit-for-Tatのように高い得点を獲得した戦略は、次の世代でプレイヤーの数を増やす。反対に、ランダム戦略のような低い得点しか獲得できなかった戦略は、次の世代でのプレイヤーの数を減らす。

すると、大会で上位を占めていた戦略は増え続けた。一方、下位の戦略は架空の選手権を数回と繰り返さないうちに、プレイヤーの数が半分以下に減り、遂には消滅する。弱い戦略から搾取する戦略は、最初はうまく繁栄することができる。ところが、弱いものが絶滅するにつれて、搾取する相手がいなくなり、自分も衰退する羽目に陥る。得点をあげていない弱い戦略と対戦して得点を重ねても、結果的には自滅する。

一方、本当に成功した戦略は、好調な戦略とうまく連携でき、高得点をあげることができるものだった。これらの戦略は、基本的には「紳士的な」戦略や協力的な戦略である。お互いに支え合うことで、繁殖を続けることができるからだ。

最も成功した戦略はここでもTit-for-Tatであった。１０００回の大会を経てもTit-for-Tatは最も成績の良い戦略として残り続け、最後までプレイヤーの数を最も増やし続けた。ある戦略が集団内で優位になると、対戦相手も自分と同じ戦略をもったものとなるため、自分自身と対戦して高得点がとれるかが鍵となる。Tit-for-Tat戦略のプレイヤー同士が対戦すると、お互いにずっと協力する関係を築くことができるのだ。

ノイズ入りの囚人のジレンマゲーム

さて、Tit-for-Tatが強力な戦略であることはわかった。しかし、あくまで、これは間違いをしない、合理的に行動するプログラム同士が対戦した場合の結果である。人間にたとえると、絶対に間違ったり、勘違いしたりしない人を仮定している。現実にはなかなかありえない設定だろう。

自分が協力したつもりでも、相手には裏切りと思われることもあり得る。部屋の掃除をしたつもりでもかえって汚れたと思われる、良かれと思って行ったことが相手に誤解され受け取られる、日常生活でもこうしたミスや認識の違いはよく起こる。何かノイズが入って手が変わってしまう、そうしたものを「ノイズ入り」の繰り返しのジレンマゲームという。

ノイズが入ることで、最適戦略の問題はより複雑になる。よりたくさんの手を記憶する戦略が重要ではないか、もっと寛容さが必要なのではないか、いろいろと可能性が広がる。たくさんの戦略があり得る中から最適なものを探す有効な手段として、人工進化が使われ、ノイズ入りの繰り返しのジレンマゲームは、初期の人工生命の代表的な進化実験となった。

たとえば、スウェーデンの物理学者のクリスチャン・リンドグレン（Kristian Lindgren）によって行われたシミュレーション実験をみてみよう［5］。

1000人のプレイヤーが4つの戦略のいずれかをもつ状態から、シミュレーションは開始する。4つの戦略は、いつも裏切る、いつも協力する、相手が裏切れば裏切る（Tit-for-Tat）、反対に、相手が協力すれば裏切る、である。戦略は世代を経るたびに突然変異で変化する。突然変異は、協力と裏切りを入れ替える、記憶する手の数を増やす、あるいは減らすという3つのバリエーションが組み込まれた。

ノイズが入った繰り返しのジレンマという複雑な設定では、安定的な戦略は現れないかと思われていた。実際、複数の戦略が共存したり、搾取する戦略が現れたり、共生し合う戦略が表れたりと、さまざまな戦略が現れては消えていった。

ところが、数万世代にわたって進化を続けていくと、最終的にはどの戦略にも搾取されることのない、進化的に安定な協力関係を築く戦略が出現した（「進化的安定戦略」という）。どんな新しい戦略もこの戦略を侵すことはない。それは協力的な戦略で、基本的には前の手で協力を選べば、自分も協力する。もし、相手のプレイヤーが間違って裏切った場合は、再び協力関係に戻る前に、お互いが2回続けて裏切り合う。あえて2回裏切り合うことでどちらかが間違って裏切っても、両方が協力をする関係に必ず戻ることができるのだ。Tit-for-Tat戦略では、ノイズが入ると、裏切りと協力を双方に交互に出し合う、まるで「裏切ったのはあなたでしょ、いやあなたでしょ」と言い合いをしている状況に陥ってしまうのだが、2回裏切り合うことでそれをうまく避けられる。

Tit-for-Two-Tatsという戦略を知っている人は、1回の裏切りを許し、さらに寛容になることで協力関係に戻れるのではと気づくかもしれない。確かにそうだが、この戦略は、相手がこちらの応答を試すような戦略をもっていると、搾取されてしまう。テスター戦略と呼ばれているもので、試しに裏切りをしてみて、相手がどのように応答するかで、自分の手を変えるのだ。裏切りに対して、もし裏切り返してくるのであれば、Tit-for-Tat戦略をとる。裏切りに対しても協力を返してくる場合は、すぐに協力に戻る。そして次の手でまたすぐに裏切ることで、常に搾取できる裏切りと協力の関係をつくり出すことができてしまう。

人工進化によって創発したお互いが2回裏切るという戦略は、テスターに搾取されることなく、スコアを少しお互いに減らすだけで強い戦略として生き残ることができたのだ。

ノイズが進化の鍵となる

囚人のジレンマゲームを題材にした一連の実験を通して、どのように協調的な集団が生まれてくるかをみてきた。その結果、一人ひとりがあくまで自分自身の利益を追求すべく行動していても協調的な集団が創発してくること、ノイズが複雑な相互作用をつくり出すこと、ノイズを相互作用の中にうまく取り込むことが進化に重要であることをみてきた。

興味深いことに、人間の協調関係においてもノイズの重要さは指摘されている。たとえば、イエール大学の心理学者、白土らによる実験では、「ボット（ランダムな行動をするコンピュータプログラム）」が人と人とのインタラクションに介入すると、集団の協調作業が促されることが示されている[7]。協調的な集団をつくり出すためには、「ノイズ」は必要不可欠な要素であることが、この実験からも示唆される。

ちなみに、繰り返しの囚人のジレンマゲームは、2004年にその誕生20周年記念大会が開催されているのだが、この大会で優勝した戦略も、ノイズを戦略に取り込み、集団として勝ちにいくものであった[8]。

大会に参加するチームは、複数の戦略とプレイヤーを送り込むことが許可されている。そこで、この大会で優勝したイギリスのサウサンプトン大学のチームは、60の異なる戦略を用意し、単独のプレイヤーではなくチームで戦う戦略を用いた。繰り返しの囚人のジレンマゲームで最も高いポイントが得られるのは、片方が常に裏切りを選び、他方が常に協力を選ぶ「主人と奴隷」の関係だ。この場合、常に裏切りを選んだほうが最も高いポイントを得ることができる。そこで、サウサンプトン大学のチームは、対戦相手がチームのプレイヤーであれば、片方は犠牲を払い、他方が繰り返し勝てるような戦略をとったのだ。

この戦略を成功させるためには、対戦相手がサウサンプトン大学チームのプレイヤーかどうかを判定できる必要がある。その判定のために、ノイズを用いた。ノイズに対するプレイヤーの反応から、サウサンプトン大学のチームプレイヤーか否かをプログラムが認識する。相手がチームのプレイヤーでないと認識すると、即座に相手のプレイヤーをつぶす行動に出るが、チームプレイヤーであれば、主人と奴隷の関係になる。その結果、大会の成績の上位3位までを、サウサンプトン大学のプレイヤーが占めた（もちろん、同時に成績の下位には自分を犠牲にして完敗したプレイヤーが占めることにもなったのだが）。

リンドグレンの実験が協力相手を見つける手段として、ノイズを戦略に取り込むように進化したのと同様のアプローチといえるだろう。


リンドグレンの実験、ボットの介入実験、サウサンプトン大学の戦略。これらの実験結果が示唆するのは、個体間に新たな相互作用をもたらすノイズの重要性だ。ノイズの存在が相互作用を変化させ、集団の在り方も変化させる。

一方で、安定的な協調現象になるという結果は、同時に、進化が止まってしまうということでもある。オープンエンドな進化という観点からみると、安定的な状態を壊し、新たな進化を生み出す相互作用こそが重要となる。

それでは、どのような相互作用が進化を促し、オープンエンドな進化へとつなげるための重要な要素となるのだろうか。それを次の章でみていこう。

参考文献

［1］Craig Reynolds, Flocks, herds and schools: A distributed behavioral model, In proceedings of the 14th Annual

Conference on Computer Graphics and Interactive Techniques (SIGGRAPH '87), pp. 25–34. 1987.

[2] M. Ballerini, N. Cabibbo, R. Candelier, A. Cavagna, E. Cisbani, I. Giardina, V. Lecomte, A. Orlandi, G. Parisi, A. Procaccini, M. Viale, V. Zdravkovic, Interaction ruling animal collective behavior depends on topological rather than metric distance: Evidence from a field study, PNAS,105(4):1232-1237, 2008.

[3] Norihiro Maruyama, Yasuhiro Hashimoto, Yoichi Mototake, Daichi Saito, Takashi Ikegami, Revisiting Classification of Large Scale Flocking, In proceedings of the 2nd International Symposium on Swarm Behavior and Bio-Inspired Robotics (SWARM 2017), pp.307-310, 2017.

[4] Robert Axelrod, The Evolution of Cooperation, Basic Books, 1984.［邦訳］ロバート・アクセルロッド 著／松田裕之 訳『つきあい方の科学—バクテリアから国際関係まで』（ミネルヴァ書房、１９９８年）

[5] Kristian Lindgren, Evolutionary Dynamics in Game-Theoretic Models, The Economy As An Evolving Complex System II, CRC Press, 1997.

[6] Andres Cavagna, The seventh Starling: the Wonders of Collective Animal Behaviour, Public Lecture at the Institut Henri Poincaré, Paris, 2015.

[7] Graham Kendall, The Iterated Prisoners ' Dilemma, 20 Years On, Wspc, 2007.

[8] Hirokazu Shirado, Nicholas A. Christakis, Locally noisy autonomous agents improve global human coordination in network experiments, Nature, 545:370-374, 2017.

Chapter 4

集団の進化

4-1
自己複製のエラーがもたらす進化

人工生命が直面する進化の課題

わたしたちは、単体で生きているわけではなく、他の人や生物との相互作用のうえで生きている。Ch.3では、人工生命のモデルが社会的な相互作用を通じてみせるグローバルなパターンや協調現象といった創発現象をみてきた。しかし、これらの創発現象もオープンエンドではない。新たなグローバルなパターンが次々と生まれることはなく、協調現象を生み出す戦略も安定的なものになってしまう。人工生命の進化が先細りに終わってしまうという課題には、これまでに何度も直面してきているし、現在でもその解決方法がわかっているわけではない。

それでもこれまでの研究の中から、この課題を解決する突破口となりそうな、個体間の相互作用が発見されている。そこで、本章では、まず「進化」というキーワードを改めて掘り下げ、相互作用が進化にどのように関係しているかをみていこう。

進化の根幹をなす「エラー」

そもそも進化を可能にしているものは何か。どうしたら進化したといえるのか。進化の根幹をなすのは「エラー」だ。個体が自己複製するときに生じるエラー、つまり突然変異である。自分自身をコピーするときのエラーがあって、はじめて進化が可能となる。同じものがコピーされるのであれば、同じものが複数つくられていくだけで、いくら数が増えても進化は生まれない。自分自身のコピーをつくるときのエラー、少しのズレやノイズを含んだコピーが、集団となることでつくり出されるのが進化だ。

たとえばわたしたち人間であれば、生まれるとき、両親から半分ずつの遺伝子をもらうだけでなく、そこに必ずエラーによって生まれるおよそ新しい70個の遺伝子が生じる。この突然変異が進化の源だ。両親にはない全く新しい能力を生み出す可能性があるのだ。Ch.2で紹介した生物の進化の仕組みを模倣した遺伝的アルゴリズムも、突然変異があることで新たな能力をもった子孫をつくり出す。エラーを含むコピーをつくり出す処理の繰り返しが、進化計算を可能にしている。

このように、生物、あるいは人工生命のアルゴリズムにとっての「進化」は、基本的に「自己複製のエラー」として捉えることができる。この「自己複製のエラー」が繰り返し起こり、他の個体や環境と相互作用を通じて淘汰されていくことが、進化することである。

進化の可視化

ほとんどの生物の進化は通常、長い時間をかけて起こるため、その進化を目の前に観察することは難しい。一方、自己複製するスピードが速い細菌の進化であれば、突然変異により環境の変化に対応していく進化の様子を間近でみることができる。ハーバード大学の研究者らによって細菌のひとつである大腸菌の進化の様子を可視化した研究がそのひとつだ[1]。大腸菌は、栄養素となるゼリー状の寒天をシャーレに入れて培養することで自己複製させることができる。進化を促すために、細菌にとっては毒となる抗生物質もシャーレの中に用意する。図[fig.4-1]のように、抗生物質の濃度はシャーレの両端から中央へ向かってどんどんと濃くなるように用意されている。

大腸菌は、抗生物質が含まれていない左右の両端にある領域でまず増殖する。そして、抗生物質の濃度が濃くなっている領域に差し掛かると、そのほとんどが死んでしまう。ところが、少しするとその中で突然変異によって濃度の高い抗生物質に対しても耐性をもつ大腸菌が出現する。抗生物質に耐性をもつように変異した大腸菌は、新鮮な寒天の栄養がある場所でどんどんと増殖していく。そして、わずか数日の間に、次第に高濃度の抗生物質が入ったシャーレの部分でも生きていけるものが次々と進化していく。環境と相互作用することによって、自己複製のエラーというシンプルな仕組みが、進化を可能にしている。

そして生命の面白いところは、ひとつの種にのみ

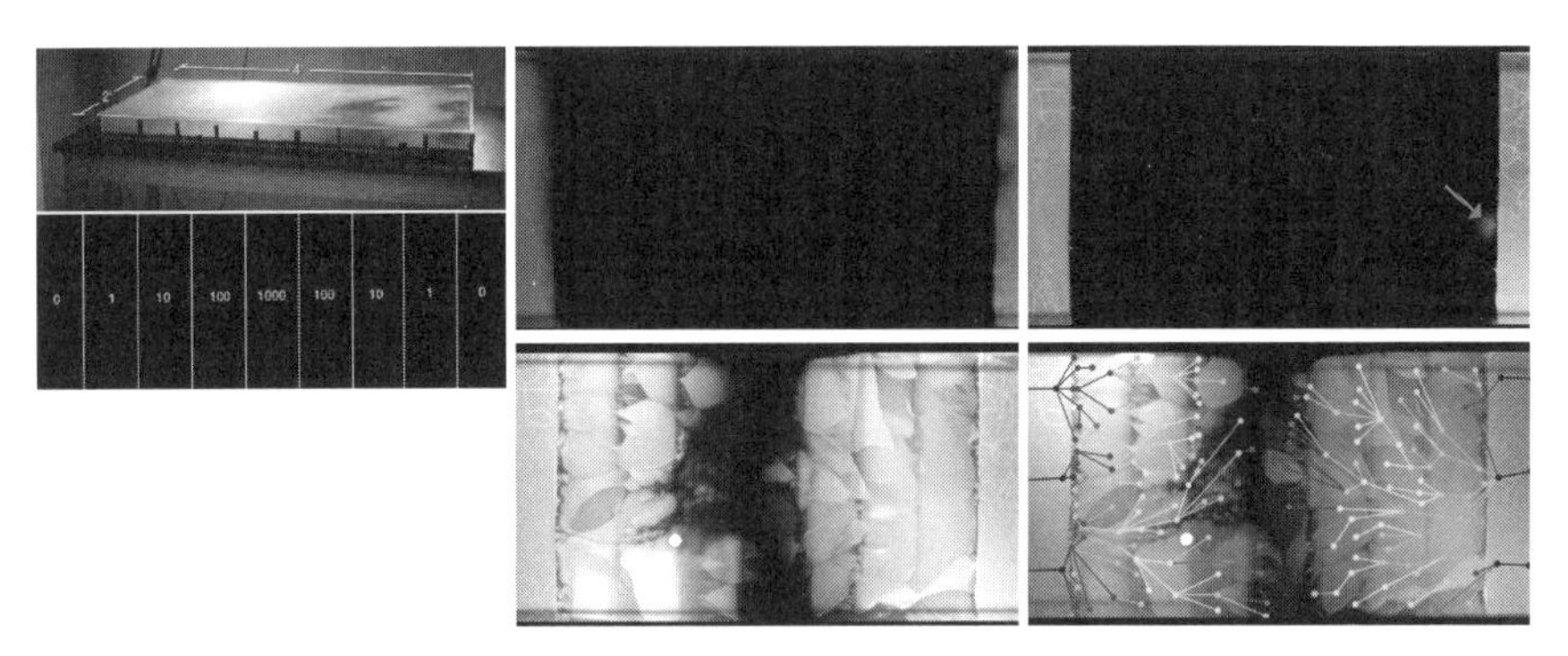

[fig.4-1] 大腸菌の進化の様子を可視化 (a)シャーレの中の抗生物質……濃度がステップごとに10倍ずつ増加 (b)両端に大腸菌を投入……大腸菌が増殖 (c)抗生物質の中で生存できる最初の大腸菌(矢印)の出現 (d)11日後の様子……中央の大腸菌は高濃度の抗生物質にも耐性をもつ (e)大腸菌の突然変異の系統樹

Baym M et al., Spatiotemporal microbial evolution on antibiotic landscapes. Science 53: 1147-1151, 2016. よりビデオ(https://kishony.technion.ac.il/resources/)から引用

淘汰されるのではなく、多様性をもってさまざまな種が共存しながら進化していることだ。自己複製のスピードが速いアメーバや、遺伝子の短いウイルスのみに世界を支配されるわけではない。

どのようにこうした多様性が保たれているのか。そして、単純なものから複雑なものへの進化はどうしたら可能なのか。自己複製から多様で複雑な進化をつくり出すことは、人工生命研究の中心的なテーマである。それは同時にオープンエンドな進化を実現する鍵となる。

フォン・ノイマンの自己複製オートマトン

自己複製に関しては、Ch.1で紹介したフォン・ノイマンの自己複製オートマトンが、人工的につくられた最初の自己複製とされる。そこで、ノイマンの自己複製オートマトンをもう少し掘り下げてみてみよう。

ノイマンの自己複製マシンは、実際に手元のコンピュータでGollyというソフトウェアをインストールするだけで走らせてみることができる[2]。ソフトウェアをインストールして実際に走らせると、自己複製される様子をみることができる。図[fig.4-2]はGolly上のフォン・ノイマンの自己複製オートマトンだ。大きな塊が「マシン」にあたり、右下に長く延びている部分が「テープ」だ。実行すると、テープの部分が読み込まれ、右上のC-Armと書かれた箇所からマシンが自己複製されていく。自己複製マシンは、ライフゲームのような0と1から成る2状態をとる単純なルールではなく、29もの状態をとれる複雑なルールからつくられている（Golly

上の自己複製マシンは32状態に改良されたものが実装されている）。図は二世代目のマシン部分の複製が終わり、テープのコピーが走っている様子を示している。

オートマトン全体の複製には、手元のコンピュータで数日かかる。マシンの複製は数分で終わるが、テープ部分の複製に時間がかかるのだ。人の細胞の平均的な大きさは約０．０２ミリ、細胞に含まれているＤＮＡの長さは10万倍の約２メートルにも及ぶ。ノイマンの自己複製マシンも、同様に、マシンよりもテープのほうが圧倒的に長い（図では、マシンが見えないほど小さくなるためテープの全体図は載せていない）。ＤＮＡは細胞の中に収まるように、うまく折り畳まれている。

さて、ノイマンの自己複製マシンはノイズが入ってしまうと自己複製できない。自分と同じコピーをつくり出すことはできるが、エラーが１ビットでも入ると自己複製できずにもともとあった形が壊れていく。Golly上の自己複製マシンも、構成するセルの１つでも消すと、あっという間にコピーがつくれなくなる。ノイマンの自己複製マシンは、エラーに対する頑健性がなく進化は起こらない。

一方、大腸菌の進化を可視化した例でもみたように、生命はエラーへの強い頑健性をもつ。突然変異が起こっても自分自身のコピーをつくり出すことができる。

そこで人工生命分野では、エラーを持ち込み、自己複製から進化へ、という研究が１９８０年代から１９９０年代にかけて盛んになった。遺伝的アルゴリズムだけでなく、自己複製にエラーを加えて進化する人工生命のモデルがたくさん提案された。もし「ありうる生命」が本当に「生命」なのだとしたら、自然界の進化が多様さと複雑さを生みこの生態系をつくり出し

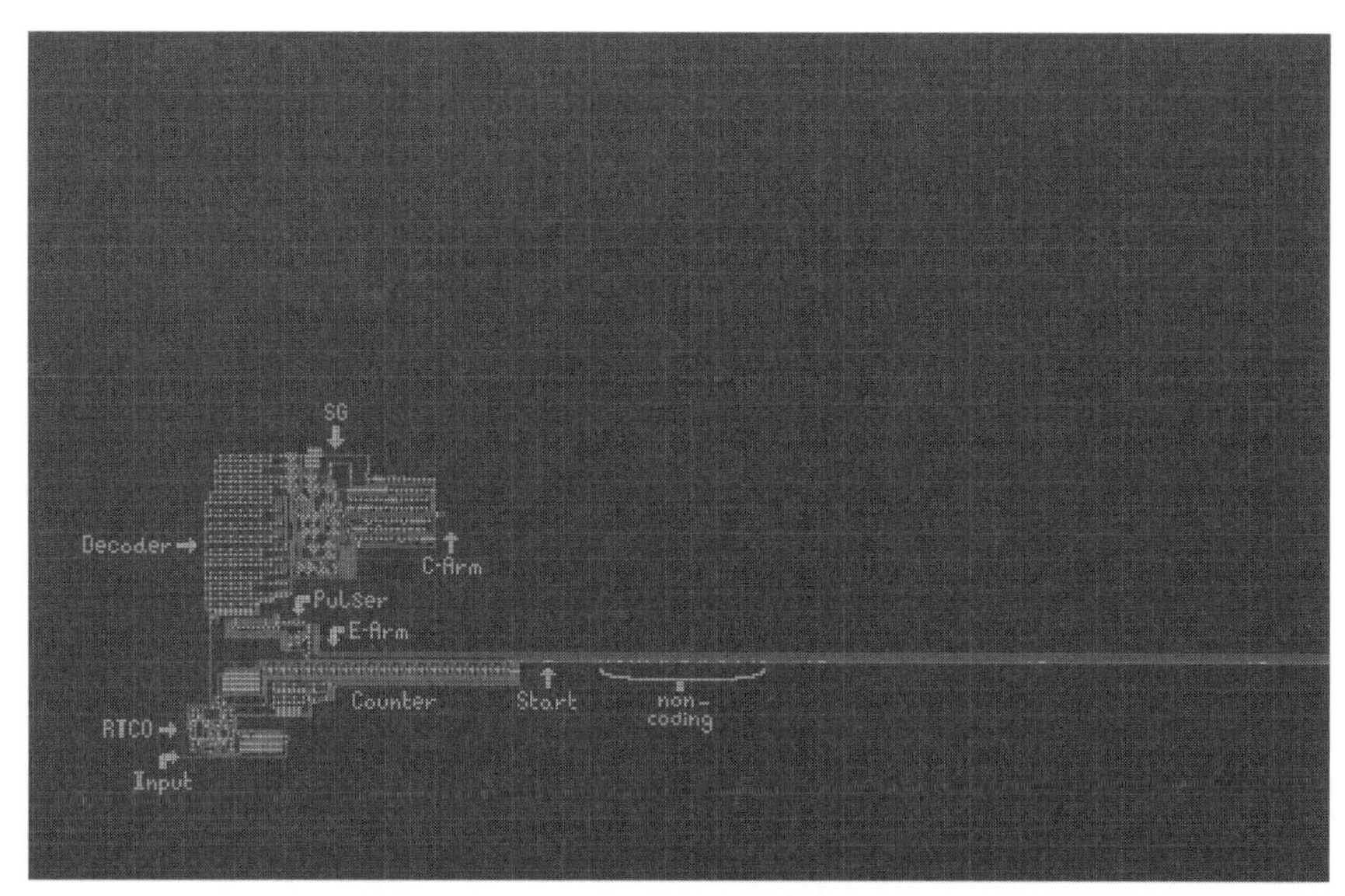

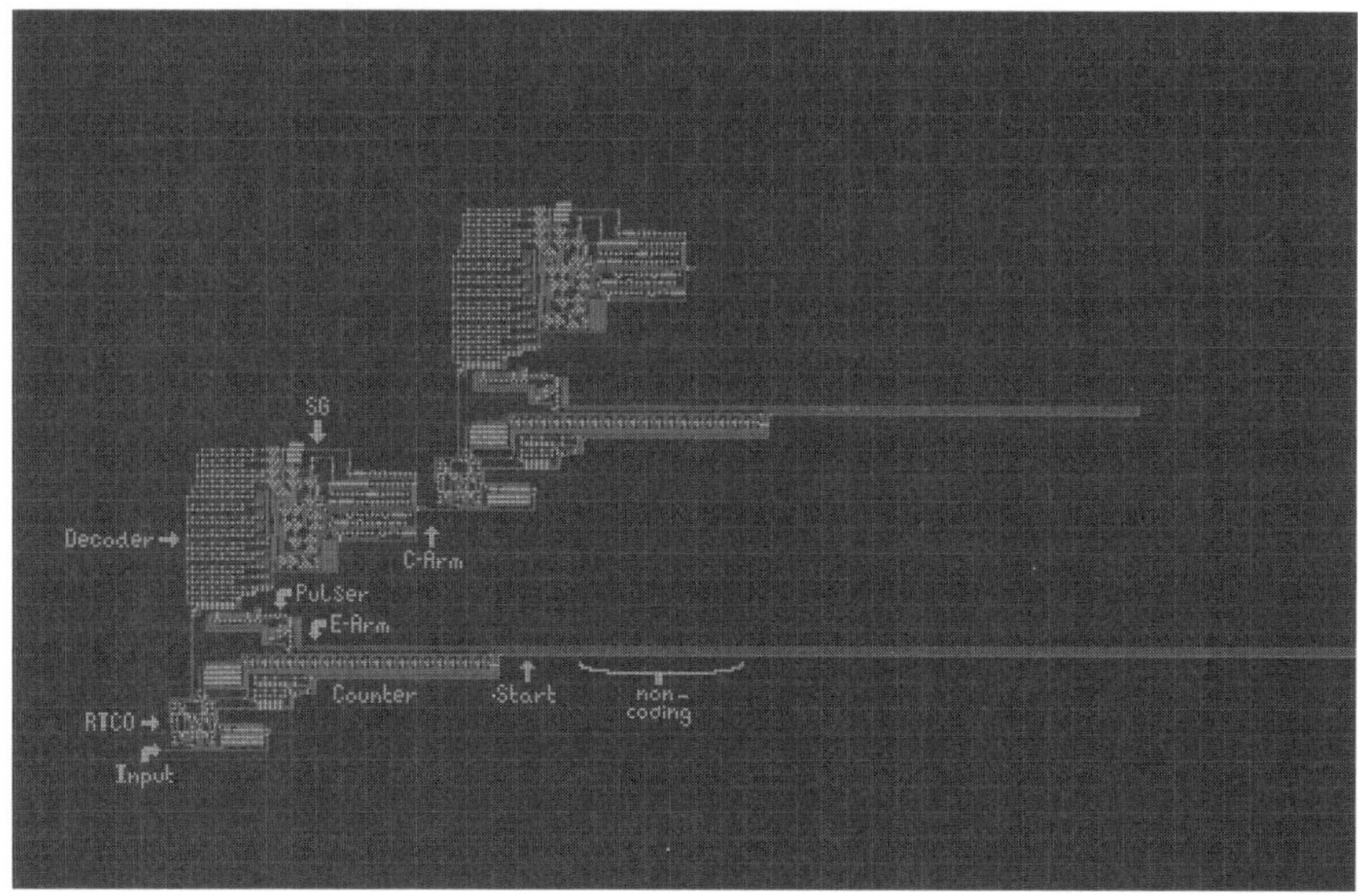

［fig.4-2］Golly上のフォン・ノイマンの自己複製オートマトン。二世代目のマシンの複製が終わり、テープがコピーされている様子（下）

たように、コンピュータプログラムがつくる仮想世界においても同様の進化が可能なはずである。

自己複製から進化の研究へ

その先駆けとなったのが人工生命分野の創設者、クリストファー・ラントンによる自己複製オートマトン「Loop」だ[3]。ノイマンの自己複製オートマトンが突然変異に全く対応できない、その原因のひとつはあまりにも複雑だからである。一方で、その複雑さはどんなものでも自己複製することを可能としている。

そこで、ラントンは「何でも自己複製できる」という機能を取っ払うことで、もっとシンプルなできるだけ少ないセルで自己複製マシンをつくることができないかと考えた。そしてつくり出したのが、86個のセルから成る7状態で自己複製するオートマトン「Loop」[fig.4-3]である。

ラントンのLoopも完全なコピーをつくっているだけなので、特に面白いことが起こるわけではない。同じ

[fig.4-3] ラントンによる自己複製オートマトン
Wikipedia : https://ja.wikipedia.org/wiki/ラングトンのループより引用

形のものがどんどんとつくられて増えていくのみだ。

ところが、Loopを詳しく調べてみると、ルールには変更を加えられる自由度がかなりあり、自己複製するための条件はそれほど厳しくないことがわかった。そのことに気づいたニューヨーク州立大学の佐山弘樹教授は、突然変異を導入しても自己複製するオートマトン「Evoloop」をつくり出した[4]。ラントンの「Loop」に改良を加えたもので、近くにあるLoopと相互作用することで、サイズが変わったり、衝突するとそこで複製が起こったりする。Evoloopは、突然変異が加わっても自己複製するセルラー・オートマトンという意味で画期的であった。

しかし、である。ここで多くの人工生命の進化モデルが直面している問題にぶち当たる。それは、進化に伴い複雑さが失われ、単純なもののみが残っていくという課題だ。Evoloopでも、サイズが小さいものほど複製するのが速いため、一番速く複製するサイズの小さい単純なLoopが進化を経るにつれて優勢になっていった。進化する自己複製には成功したが、どうやったらどんどん複雑なものや新しいものをつくり出せるかが大きな課題となった。そしてこの課題はオープンエンドな進化の課題でもある。オープンエンドな進化をつくり出すためには、単純なものから複雑なものへの進化は必要不可欠だ。

進化の鍵を握る寄生体

単純なものから複雑なものへの進化を実現するひとつの方法として注目されているのが、

「寄生体」との相互作用だ。寄生体とは、たとえば、ウイルスのように自分自身では自己複製する機能はもたず、宿主に寄生することで、その複製を可能にするものである。コロナウイルスも単体では複製できないため、宿主である人間の細胞に侵入し、その細胞の機能を利用して複製、増殖し、また細胞から出ていく。コロナウイルスの場合、今のところ寄生される人間にとっての利益はなく、一方的に搾取されている「寄生」関係である。

一方、自然界の生物には、寄生体と相互作用し、共進化しているものがいる。たとえば、あらゆる動物に寄生するダニ、シラミ、ヒルなどの寄生虫だが、宿主にとっても有益なケースがある。寄生虫学者のケイシー・ベル（Kayce Bell）によると、何種かの寄生虫は、宿主であるリスとともに進化して、命にかかわる他の寄生虫に寄生されないようリスを守っているという[5]。

人工生命のモデルにも、人工的な生態系で同じような進化をみせるものが提案されている。進化生物学者のトム・レイによる「ティエラ（Tierra）」というシステムだ[6〜7]。

スペイン語で「地球」を意味する「ティエラ」は、わたしたちが住んでいる炭素と水素の化学世界ではなく、コンピュータの中でビットとバイトから構成される仮想生物が住む世界だ。ティエラでは、32種類の命令を組み合わせてつくられる配列（遺伝子に相当する）を一匹の生物とみる。ティエラは起動するとコンピュータ内に仮想機械をつくり出す。仮想生物はメモリチップに住み、太陽の代わりにＣＰＵ（中央処理装置）をエネルギー源とする。仮想生物たちはメモリの中で、ある一定の時間内で自分のコピーを増やすことができる。自分のコピーをできるだけ増やして、メモリ領域を奪い合う。獲得できたメモリが生態系の中での個体数にあたる。ただこのままだとメモリがいっぱいになるので、最も古いプログラムは終了させ、メモリを開放させる仕組みが組み込まれている。そして、プログラム命令の一部が変わったり、計算ミスを一定の確率で起こさせたりすることで、突然変異が生じるように設定されている。

ティエラの仮想生物はどんな進化をみせるのか。ティエラが開発された１９９０年当時、多くの人工生命研究者は何も面白いことは起こらないだろうと懐疑的な眼を向けていた。レイ自身もすぐに何か面白い進化がみられるとは思っておらず、時間をかけてプログラムを複雑化していこうと考えていた。

ところが、プログラムを実行してすぐに次々と予想外な仮想生物の進化がみられた。ティエラを実行すると、まず突然変異により自分自身を自己複製できない仮想生物がたくさん生まれ、その大部分が死滅していった。しかし、世代交代を繰り返すうちに、その中から他の仮想生物にとりついて、足りない命令を利用し自分自身をコピーし始める「寄生体」が現れた。「寄生体」は瞬く間に増殖し、メモリは寄生体であふれかえった。すると今度は、多くなりすぎた寄生体は寄生する先の宿主を失い、どんどん死んでいく。そして、寄生体が一掃されると、今度は比較的長い遺伝子をもつ仮想生物が繁殖してくる。こうした複雑化することに成功した仮想生物を分析してみると、それらは余分な命令をもつことで寄生体の攻撃から身をかわしていることがわかった。「免疫性」をもった宿主の誕生である。そしてこのサイクルが繰り返される現象がみられた。宿主と寄生体は互いに凌ぎを削る進化競争を繰り返したのだ。宿主は、寄生されることで利益を得るために寄生体を騙したり、自分の繁殖のために寄生体のエネルギー代謝を壊したりする手段をも進化させた。そして、寄生体の中には、一匹一匹では繁殖できないが、お互いがひとつになって増殖する、「共生」するものも出てきた。このような捕食者と被食者、あるいは宿主と寄生体の間の循環は、生物界ではロトカ＝ヴォルテラサイクルと呼ばれているが、これはティエラにみられた生物世界を反映した数多くの進化のひとつだ。

多くの人工生命モデルは、進化が止まってしまう。進化し続けるシステムに必要な相互作用は何か。それは「寄生体」という、一見、利益をもたらすとは思えないものとの相互作用にあるかもしれないことが、ティエラによって示唆された。所詮、人工生態系でのシミュレーションだけの結果ではないか、と思うだろうか。ところが、次で説明するように、試験官内で細胞を進化させるという実験でも、寄生体によって進化が可能となっている（かもしれない）という驚きの事実がわかってきた。そこには、何の利益ももたらさないと思われる個体を取り込み、単体ではなく集団として進化するという、新たな進化の在り方がみえてくる。

4-2

集団として進化する

試験管内で進化するＲＮＡ

人工的な進化は単純なものになってしまう。面白いのは、同様の現象は仮想世界の実験だけではなく、試験管内で細胞を複製させようとする実験でもみられることだ。

試験管内での細胞の複製とは、「人工細胞」の実現を目指した合成生物学の分野で注目されている技術だ。人工細胞の実現は、細胞の複製や進化に必要な仕組みを解き明かすだけでなく、創薬や再生医療への応用も期待される。

試験管の中で細胞を自己複製させられないかと最初に考えたのが、分子生物学者のソル・スピーゲルマン（Sol Spiegelman）だ。スピーゲルマンは１９６７年、世界ではじめてＲＮＡを細胞から取り出し、複製に必要な酵素や栄養素を外部から与えることで、試験管の中で複製することに成功した[8]。ＲＮＡはＤＮＡの配列がコピーされて（転写されて）つくられるものだが、ＲＮＡ自身も、自己複製することができ、複製のエラーによる突然変異も起こる。つまり、ＲＮＡの複製を繰り返していくと勝手に進化していく。

ＲＮＡの複製に成功したスピーゲルマンは、複製を何世代も繰り返すことで、ＲＮＡが進化していくかもみている。結果は、人工生命の仮想世界で起こったのと同じ現象が起きた。数十回の複製を繰り返したところ、段階的に遺伝子の長さが短くなったＲＮＡが出現し、もとの長い遺伝子をもつＲＮＡにとって代わっていったのだ。短いＲＮＡほどより速く複製できるためだ。そして、ついには複製が止まってしまう。ここでも、人工的な複製は単純化してしまうことが観察された[9]。生物でもないＲＮＡが自己複製するという驚きから、スピーゲルマンのＲＮＡ自己複製実験はとても有名になったが、複雑化する進化のプロセスをもたせることはできなかった。

寄生体を取り込んで進化する

ところが、スピーゲルマンの実験からおよそ50年の時を経て、市橋伯一や四方哲也の一連の研究により、遺伝子の長さが短くなることなく複製し、進化し続ける実験に成功した[10〜13]。その鍵となっているのが、寄生型ＲＮＡの出現だ。寄生型ＲＮＡとは、宿主である元のＲＮＡから生じるが、単体で自己複製することができず他のＲＮＡを必要とするものだ。この寄生型ＲＮＡが存在すると、宿主のＲＮＡの進化が、遺伝子の長さを短くすることなく持続する。市橋によると、寄生型ＲＮＡの存在があるからこそ、この進化が可能になっている気がしているという[14]。

同じようなことは、トレント大学の人工生命研究者、マーティン・ハンジク（Martin Hanczyc）も述べている。ハンジクも、ＲＮＡを試験管内で自己複製させ、その機能がどのように進化するかを研究しているときに、思いがけず、寄生体が継続的に生成されることを見つけた。しかも、寄生体はいくら取り除いても、毎日のように現われ、ほうっておくとシステム全体が乗っ取られてしまい厄介な存在だった。

ところが、もう少し調べてみると、こうした次々と現れる寄生体はＲＮＡの進化に重要な役割を担っているようであった。自然界のある種のウイルスは、競合相手となるウイルスを自ら生成し進化する。同じようなことが、RNAの自己複製においても、急な複製への圧力がかかったときに起こっているのではないかと、ハンジクは寄生体が次々と現れる理由を推測している[15]。つまり、複製を急ぐシステムが、不完全で小さなバージョンの自己をつくり出し、寄生体は否応なしに進化する。宿主が寄生体を生み出し、寄生体が別の寄生体を生み出す。そうして進化していく寄生体の中には、人工生態系「ティエラ」で宿主と共生する寄生体が現れたように、宿主と共生しながら複製していくものも出てくるのかもしれない。

自己複製から他者を取り込んだ進化へ

なぜ寄生体の出現が進化を促すのか。その理由は理論的には明らかにされていない。しかし、そのヒントを池上高志と橋本敬（当時、池上研究室所属、現在は北陸先端科学技術大学教授）の「テープとマシン」というモデルにみることができる[16]。

「テープとマシン」における自己複製の基本的な考え方は、ノイマンの自己複製オートマトンと同じだが、複製するときにエラーが起きる、つまり突然変異する点が異なる。自己複製にエラーを持ち込むことで、どのようにこの仮想世界のモデルが進化していくかをみているのだ。「テープとマシン」の仕組みを少し掘り下げてみていこう。

「テープとマシン」は、情報が書いてあるテープと情報を読み取るマシンから構成されている。生物のDNAでは、DNAの情報を転写したRNAがつくられ、RNAの情報に従った

「翻訳」を通じてアミノ酸がタンパク質となる。同じように、「テープとマシン」では、テープがＤＮＡ、マシンがタンパク質に対応づけられる。そして、ＤＮＡを転写してＲＮＡがつくられるときの翻訳ルールがマシンの「遷移表」にあたる。

テープには、ＤＮＡに相当する情報として0と1から成るビット列が書かれている。マシンは、0と1から成るビット列に加えて、「遷移表」をもつ。

マシンが複製されるまでの基本的な操作はふたつだ。まず、マシンはテープを読み込み、マシンがもっているビット列と同じビット列のパターンが見つかると、そのテープを複製する。テープの複製が終わったら、次に、複製されたテープを「遷移表」としてもつ、新たなマシンをつくる。このとき、テープのビット列は、遷移表に書かれているルールに従って「翻訳」される。遷移表のルールによっては、テープから同じテープがつくられたり、違うテープがつくられたりすることがある。つまり、遷移表が自己複製の突然変異をもたらす。

たとえば、0は0に、1は1に変換する遷移表をもつマシンが、テープ「００１１」を複製する場合を考える。この場合は、新しくつくられるテープも「００１１」という同じビット列をもつ。一方、0は1に、1は0に変換する、つまり0と1を反転するような遷移表をもつマシンから新しくつくられるテープは、「１１００」となる。遷移表がもたらす変異を「アクティブ変異」と呼ぶ。

アクティブ変異の他に、もうひとつ「パッシブ変異」によっても突然変異がおきる。パッシブ変異は、遷移表には従わずビットをランダムに書き込む。遷移表に0と1を反転するルールが書かれていても、外部からのエラーがランダムに入り、たとえば、0が1にならずに0のままコピーされるといったことが起こる。

　これらふたつの変異によって、テープとマシンのプログラムを実行していくと、多数のテープとマシンがネットワークを形成する生態系がシミュレーションされる。

　シミュレーションでは、いくつかの面白い結果がみられた。

　まず、ランダムなノイズである「パッシブ変異」が少ない状況では、単純な自己複製ネットワークが出来上がった。最も単純な自己複製ネットワークは、図[fig.4-4]のようなひとつのマシンがテープを読み込み、複製途中に変異したテープが新たなマシンをつくるものだ（マシンとテープは、2進数から16進数に変換したもので示されている。たとえば、M1002 $\xrightarrow{T1}$ M3006は、マシン1002がテープを読み込んでテープ1とマシン3006を生成することを示す）。

　ところが、パッシブ変異率を増やしていくと、ネットワークの複雑化が始まる。単純な自己複製ネットワークに、外部からのノイズによってたまたまつくられたテープがつくるマシンが加わるようになるためだ。

　さらにパッシブ変異率を増やしていくと、「寄生体」が出現してくる。単独では存在できず、他者に寄生して自己複製するテープやマシンだ。そして寄生体の中には、宿主とだけでなく寄生体同士でつながり始めるものも出現する。

　そして、驚くことに、寄生体同士がつながり、お互いの複製を助けながら、ネットワークが全体として自己複製するようなものが出てくる[fig.4-5]。つまり、お互

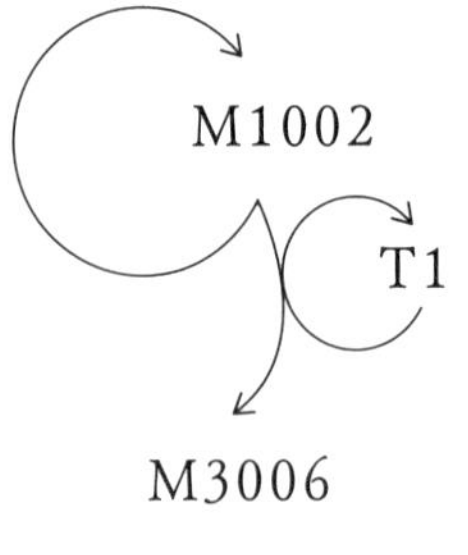

M1002
T1
M3006

[fig.4-4] 単純なテープとマシンのネットワーク
Takashi Ikegami and Takashi Hashimoto: Active Mutation in Self-Reproducing Networks of Machines and Tapes. Artificial Life 2: 305-318, 1995.よりFig.7-(b)を参考に作成

いの複製を助けるという関係のループが閉じることで、寄生体を取り込んだ進化が起こり始めるのだ。関係のループが閉じ、安定して自己複製する状況をつくり出した後は、パッシブ変異を取り除いても、全体の自己複製を維持することができるようになる。

この結果を、進化の初期に現れる生物ほど突然変異率が高いことと、照らし合わして考えると興味深い。生物の突然変異率は、遺伝子の長さと相関があり、遺伝子の長い生物ほど突然変異率が高い。たとえば、ウイルスは（ウイルスが生物であるかどうかという議論はさておき）遺伝子の長さが短く、突然変異率が高い。ウイルスに比べると人間の突然変異率は非常に低い。進化の初期段階であればあるほど、外部ノイズによる突然変異が、進化の重要な駆動力となるということかもしれない。

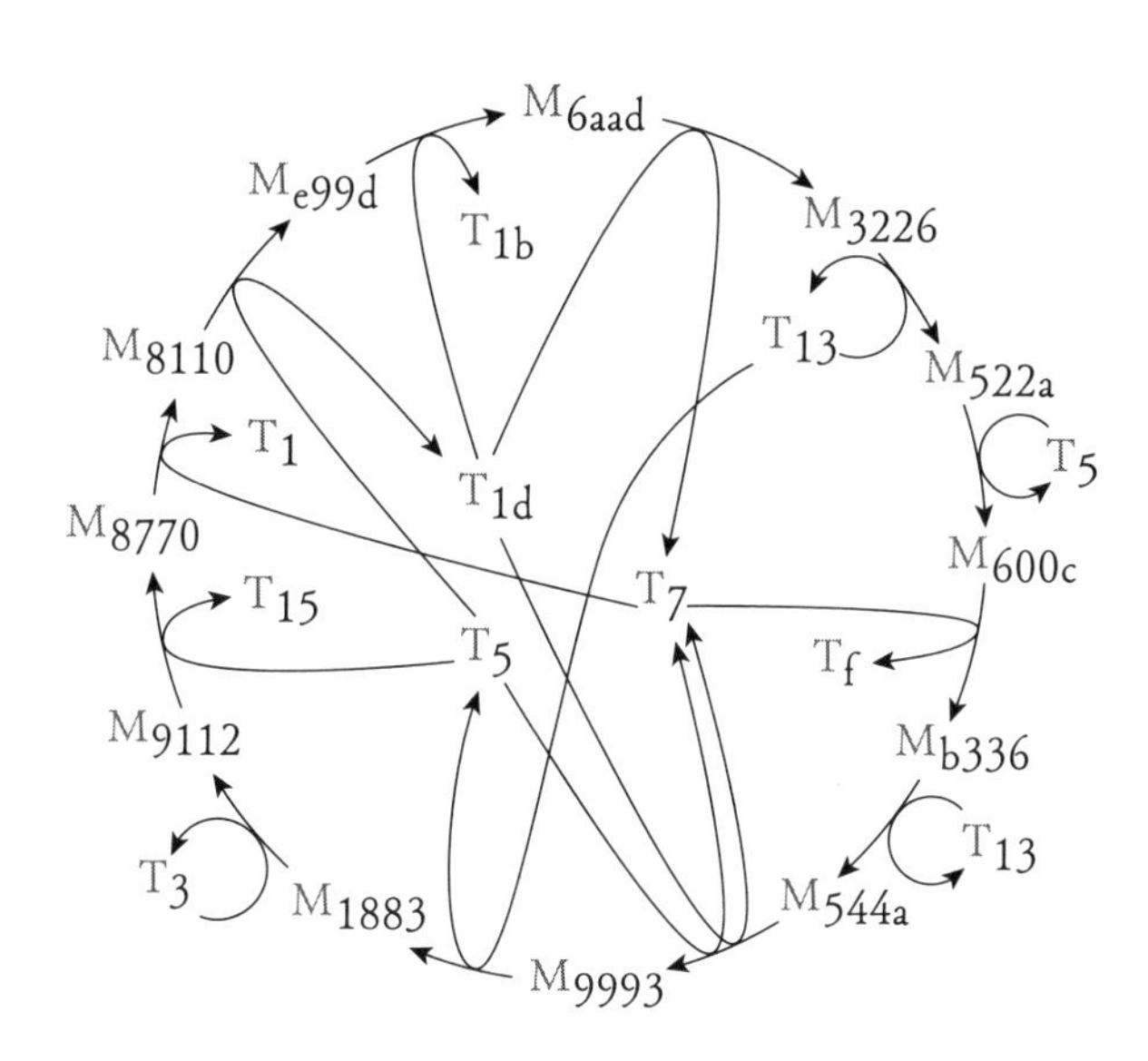

［fig.4-5］ネットワークとして自己複製する
Takashi Ikegami and Takashi Hashimoto: Replication and Diversity in Machine-Tape Coevolutionary Systems Artificial Life V:426-33, 1997.よりFig.1-(g)のひとつを参考に作成

別の見方をすると、外部からのノイズが多いときは、「他者」をどんどんと取り込み、複製されるべき自己をどんどん変えていったほうが、複雑な進化につながるということだ。わたしたちも新しいことに挑戦するとき、多くの新しい情報に触れ、新しい人や価値観と出会う。そういうとき新たな「他者」を排除して、これまでの「自己」を守ろうとするのではなく、それらを取り込み、自己をどんどん変えていくことが、自己の進化につながるのかもしれない。

宿主と寄生体の共生条件

ここまでのメッセージは、わたしたちが単体で生きているのではなく、ウイルスなどの寄生体との相互作用のうえで生きていると考えられる、ということだ。

それらは気づかぬうちに、結構な影響を及ぼしている。わたしたちの身体の中には常に寄生体が入り込んでいて、約2万3000個の遺伝子のうち約8%が、数百年前にヒトの祖先の遺伝情報に取り込まれたウイルス由来だ[17]。そして、その一部は病原性ウイルスの感染を防御するなど、いまだに機能しているという。ウイルスがわたしたちの進化の一部を担ってきたのだ。

ただ、宿主と寄生体が共存できる条件は限られているようである。寄生体と宿主の共生には微妙なバランスが必要で、寄生体が宿主よりも強ければ宿主が死んでしまうし、宿主が強すぎれば寄生体は排除され、宿主が全システムを支配できる。しかし、それでは進化が止まってしまうかもしれない。

自然界の生物においても、寄生体と宿主の共生関係を維持する鍵となるのは、寄生体の数のバランスだという。たとえば、腸に寄生する「鉤虫（こうちゅう）」という寄生虫は、その数が多すぎると腸の病気を引き起こし、貧血の原因になることが知られている。しかし、数が少なければ、宿主の免疫反応を刺激し、自己免疫疾患の防止に役に立つかもしれないという[18]。寄生虫は多すぎても少なすぎてもいけないのだ。

テープとマシンのモデルでも、宿主と寄生体が共存できるのは、ある狭い範囲の突然変異率のときだけである。つまり、システム内で共存が可能なのは、非常に狭いバランスの範囲なのだ。これが、先細りすることなく自己複製、あるいは進化し続けるシステムを生み出すのが難しい理由なのであろう。

現実の世界では、何が寄生体か否かを判断するのは難しい。わたしたちがウイルス由来の遺伝情報をもっているように、寄生体か否かは状況によって変化する。人工生命のシミュレーションは、生態系での進化のプロセスを追いかけられることが強みである。個体の成長過程や結果をみることで、寄生体かそうでないかを判別することができる。試験管内の進化実験と人工生命のシミュレーションを相補的に用いることで、宿主と寄生体が共存できる条件やその理論的な背景が今後明らかにされていくかもしれない。そうなれば、オープンエンドな進化の実現につながる大きなヒントになるはずだ。

「自己複製」の研究から自己複製にエラーを持ち込んだ「進化」の研究へと変化してきた、人工生命の歴史を振り返った。多くの人工生命モデルは、複雑さが失われ進化が止まってしまうという課題を抱えている。そして、それはオープンエンドな進化の課題でもある。

一方で、解決の糸口となるかもしれないのが、集団としての進化という考え方だ。試験管内でのＲＮＡ複製実験や「テープとマシン」のモデルは、単体として進化するのではなく、寄生体を取り込み、集団として進化する。不安定化する要素を常にもちつつ、それを排除するのではなく、活かすように集団に取り込めるかどうか。それが、単純なものから複雑なものへの進化を実現する鍵である。

さて、ここまで人工生命のモデルを使った構成論的なアプローチを中心に、オープンエンドな進化の実現に向けた研究をみてきた。一方で、実際にオープンエンドな発展を遂げている人工システムがある。インターネットだ。インターネットを分析することで、オープンエンドについて他に何かわかることがあるかもしれない。インターネットの進化は何がつくっているのか、それを次にみていこう。

参考文献

［1］Michael Baym, Tami D Lieberman, Eric D Kelsic, Remy Chait, Rotem Gross, Idan Yelin, Roy Kishony, Spatiotemporal microbial evolution on antibiotic landscapes, M. Baym et al, Science, 353(6404):1147-1151, 2016.
［2］Golly http://golly.sourceforge.net/

[3] Christopher. G. Langton, Self-reproduction in cellular automata, Physica D, 10 (1–2): 135–144, 1984.
[4] Sayama Hiroki, Toward the realization of an evolving ecosystem on cellular automata, In proceedings of the Fourth International Symposium on Artificial Life and Robotics (AROB 4th'99), pp.254, 1999.
[5] Eric Niiler「この地球では、寄生虫も絶滅の危機に瀕している：〝レッドリスト〟の作成を呼びかける研究者たちの真意」https://wired.jp/2020/08/27/should-we-conserve-parasites-apparently-yes/（Wired、２０２０年）
[6] Thomas Ray, Evolution, Ecology and Optimization of Digital Organisms, Santa Fe Institute working paper, 92-08-042, 1992.
[7] Thomas Ray, An Evolutionary approach to syntenic biology: Zen and the Art of Creating Life, Artificial Life, 1(2):195-226, 1994.
[8] D. R. Mills, R. L. Peterson, Sol Spiegelman, An extracellular Darwinian experiment with a self-duplicating nucleic acid molecule, PNAS, 58 (1): 217–24, 1967.
[9] 市橋伯一、四方哲也「人工細胞モデルとダーウィン進化」『生物工学会誌』93(10):607-610, 2015.
[10] Hiroki Okauchi, Norikazu Ichihashi, Continuous cell-free replication and evolution of artificial genomic DNA in a compartmentalized gene expression system, ACS Synthetic Biology, 10:3507–3517, 2021.
[11] Norikazu Ichihashi, Tomoaki Matsuura,Hiroshi Kita, Kazufumi Hosoda, Takeshi Sunami, Koji Tsukada, Tetsuya Yomo, Importance of Translation–Replication Balance for Efficient Replication by the Self-Encoded Replicase, ChemBioChem, 9(18):3023-3028, 2008.
[12] Hiroshi Kita, Tomoaki Matsuura,Takeshi Sunami, Kazufumi Hosoda, Norikazu Ichihashi, Koji Tsukada, Itaru Urabe, Tetsuya Yomo, Replication of Genetic Information with Self-Encoded Replicase in Liposomes, ChemBioChem, 9(15):2403-2410, 2008.
[13] Taro Furubayashi, Kensuke Ueda, Yohsuke Bansho, Daisuke Motooka, Shota Nakamura, Ryo Mizuuchi, Norikazu Ichihashi, Emergence and diversification of a host-parasite RNA ecosystem through Darwinian evolution, eLife 2020;9:e56038, 2020.
[14] TOKYO ALIFE 2020 Session4「共生的な生命観」における市橋の発言より

[15] TOKYO ALIFE 2020 Session4「共生的な生命観」におけるMartin Hanczycの発言より
[16] Takashi Ikegami, Takashi Hashimoto, Active Mutation in Self-reproducing Networks of Machines and Tapes, Artificial Life, vol.2(3): 305-381, 1995.
[17] 理化学研究所プレスリリース記事よりhttps://www.riken.jp/press/2020/20200903_2/index.html
[18] Deepshika Ramana et al., Helminth infection promotes colonization resistance via type 2 immunity. Science, 352(6285):608-612, 2016.

Chapter 5

インターネットの進化

5—1 インターネットの生命性

生命圏を築くインターネット

ティエラなどの人工生命のモデルは、トム・レイといった多くの人工生命研究者が目指したような「終わりなき進化」が起こる生態系をつくるには至らなかったが、こうした人工生命研究が進行していた同時期に着々と「進化」を遂げていた人工システムが、インターネットだ。

約50年前の1969年にコンピュータ同士をつないで、はじめての通信を行ったのがインターネットの始まりだ。コンピュータ同士の通信が可能になると、そのネットワークは瞬く間に広がった。そして、決定的なインターネットの発展が、ウェブによってもたらされた。ウェブの登場は、まさに生命の単細胞生物から多細胞生物への進化のような、複雑な構造と機能を提供した。

ティム・バーナーズ・リー(Tim Berners-Lee)によってウェブにはじめてページがつくられたのが1990年、その翌年にはスタンフォード大学のウェブサイトが立ち上がり、1993年にウェブサイトを閲覧するためのソフトウェアであるブラウザ「モザイク(Mosaic)」と共に200以上のウェブサイトが立ち上がると、その後は瞬く間に広まった。

ウェブサイトの数が増えると、今度は情報を探すための新しいツールが必要となり、1994年にYahoo!検索エンジン、1998年にGoogle検索エンジンができた。その頃には、数百万ものウェブサイトから成る巨大な人工システムとなった。そして、Googleアナリティクスに代表されるように、誰がいつ、どこから、どのような目的でウェブサイトを訪問しているのか、といった分析技術もどんどんと進化していった。その後もウェブサイト、ユーザ数ともに増え続け、2022年現在、約20億のウェブサイト、46億人のユーザが存在するといわれている[1]。また、スマートフォンの普及とともに広がったソーシャルメディアは、生物のカンブリア爆発を彷彿とさせる、インターネットの新たな進化を生み出した。現在のインターネットはさまざまなサービスが生み出す生態系から成る生命圏を築き上げているようにみえる。

「カオスの縁」へ向かうインターネット

インターネットの進化を可能にしている大きな要因のひとつは、データの流れが止まらないことだ。インターネット上のデータは、中央集権的なコンピュータがその流れを管理しているわけではない。インターネットにつながっているコンピュータ一つひとつが、個別に送るデータ量を調整する仕組みをもち、個々のコンピュータの相互作用が全体のデータの流れをつくっている。

一つひとつのコンピュータがもっているデータを送る仕組みはとてもシンプルだ。最初は少ないデータ量を流し始め、データが途中で落ちることなく送信できたら、送る量を少し増やす。どんどん増やしていくと回線の途中でデータの一部が送れないことがでてくる。すると、それを検知し、送る量を半分に減らす。これを繰り返している。

中央制御システムがあるわけでもなく、インターネットに接続したり、切断したりするコンピュータも常に変化し続けている。それにもかかわらず、このシンプルな仕組みを各コンピュータが実行しているだけで、インターネット全体が止まったりすることもなく動いている。流れるデータ量が増えても、どんどんと大きなネットワークに成長していっても、データの流れを止めることなく動き続けられることが、インターネットの進化を可能にしている。

何が動き続けることを可能にしているのか？　その答えを探るために、インターネットの流れるデータが増え、混雑していくときに何が起きているのかを調べてみたことがある。

分析に使ったのは、インターネットのデータのやりとりを忠実にシミュレートする「ns-2」というソフトウェアだ[2]。シミュレータで仮想ネットワークをつくり、コンピュータは互いにデータを送り合う。そして、各コンピュータがネットワークに流す全体のデータ量を少しずつ増やしていったときに、どのような現象が起こるかを分析した。

各コンピュータが送るデータを増やしていくと、ネットワークが混雑し、途中で落ちるデータが増えていった。しかし、どんなに混雑しても送信先のコンピュータにデータが全く届かなくなるという状態には陥ることなく、ネットワーク上のデータは流れ続けた。

各コンピュータが送るデータのパターンを詳しくみてみると、面白いことがわかった。送るデータ量が少ないときは、各コンピュータは周期的なパターンでデータを送っていた。送る量を少しずつ増やしていき、データの一部が送れなくなったら、その量を減らすというパターンを繰り返すためだ。そして、データ量の総量をどんどんと増やしていくと、パターンもどんどんと複雑化し、「カオスの縁（edge of chaos）」に向かっていたのだ[3]。

「カオスの縁」とは、「秩序」と「混沌（カオス）」の境界に生じる、最も複雑性が増す領域を指す［fig.5-1］。クリストファー・ラントンや複雑系の研究者であるスチュアート・カウフマン（Stuart Kauffman）によって1980年代後半に提唱された理論である［4］。ラントンは、システムの計算能力、つまり情報を保存したり処理したりする能力は、カオスの縁で高まるとした。実際、カオスの縁では、脳の神経ネットワークの計算効率が高まることが報告されている。

インターネットでも、回線が混んでくるにしたがって、データを送り合うパターンがカオスの縁に向かうという創発現象が生まれる。そして、情報処理能力が高まることで、送るデータ量（スループット）を落とすことなく動き続けられている。

もっというと、複雑なシステムをコントロールするには、システム自身がそれに対抗する複雑さを生成しなければならない。環境が生み出す多様な課題にうまく対処するた

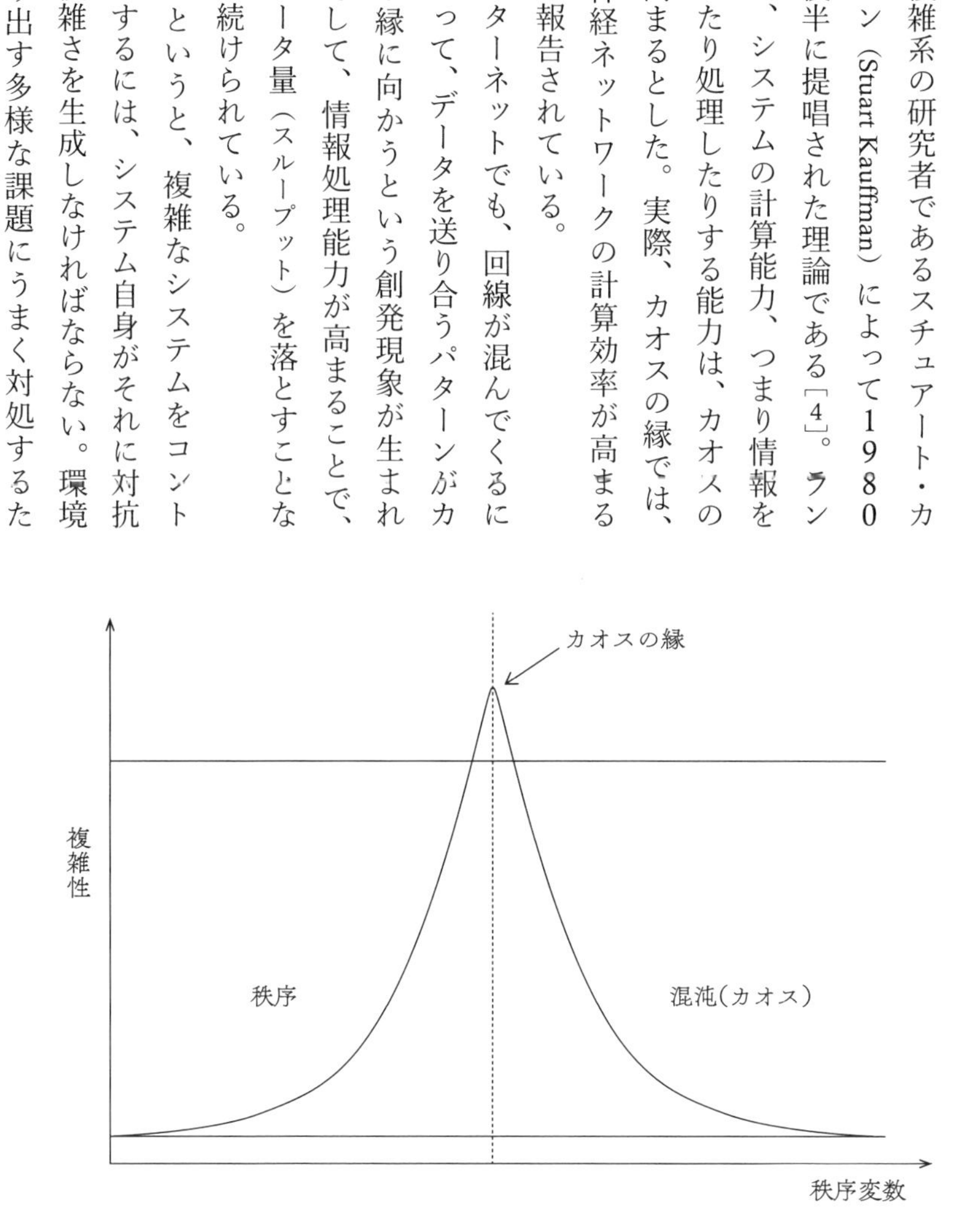

［fig.5-1］カオスの縁は複雑性が最も高まる「秩序」と「混沌」の境界
http://wiki.cas-group.net/index.php?title=Edge_of_Chaosを参考に翻訳・作成

めには、環境がもたらす課題と同じ程度、あるいはそれ以上の答えを用意する必要がある。

複雑系の先駆者ロス・アシュビー(Ross Ashby)は、この仕組みを「不可欠な多様性の法則(Law of Requisite Variety)」と呼んだ[5]。アシュビーの言葉を借りれば、「多様性を吸収できるのは多様性だけ(Only variety can absorb variety)」ということになる。データを送るパターンの多様性を最大化するインターネットの仕組みは、「不可欠な多様性の法則」を満たすことで、システムが恒常的に機能するための多様性を担保している。システムが冗長性をたくさんもっていることで、「悪い状況」からの脱出につなげることができる。多様な状況を用意し切り替えることでシステムが生き延びられる。

生命が、新陳代謝の維持や環境への適応など、生命のもつ恒常的な性質や機能を維持するように、インターネットにも、データを流し続けるという恒常性(ホメオスタシス)を保つ機構が、個々の相互作用から創発しているのだ。

ソーシャルメディアの臨界現象

カオスの縁のような、性質の異なるふたつの状態の境界領域で観測される特殊な現象のことを、臨界現象と呼び、Ch.3で紹介したように鳥が群れをつくるのも、臨界領域で動いているためではないかと考えられている。臨界領域では、鳥の一羽の動きが連鎖的につながり、集団全体にまで伝搬し、それが群れを形成していると捉えられるからだ。

情報が集団に伝わることは、インターネット上のコミュニケーションにおいても重要だ。たとえばTwitterのようなソーシャルメディアは、ユーザの投稿が他のユーザからの返信、リツイート、いいね、などの行動につながってはじめてコミュニケーションが成り立つ。Twitterを使い始めた当初、誰もフォローせずにアカウントをつくると、投稿はしたものの何も起こらず戸惑った人も多いのではないだろうか。当たり前だが、ユーザのアクションが誰にも伝わらないとソーシャルメディアとして機能しない。

鳥の群れが臨界領域で起きるのであれば、ソーシャルメディアでの人々のコミュニケーションの中にも、同じような臨界現象が観測されるはずである。そう思い立ち、ソーシャルメディアの臨界現象を分析してみたことがある。

分析対象は、クオン株式会社が運営する「ファンコミュニティ」という企業とユーザをつなぐコミュニティサイトだ[6]。ユーザが、対象のファンコミュニティで掲示板を通して「トピック」を立てたり「コメント」を投稿したり、他のユーザの投稿に「いいね」したり「返信」したりできるサービスだ。

ファンコミュニティでのこうしたやりとりのデータからつくられる「トピック」のネットワークを使って、ネットワークの臨界状態を測ってみた。ネットワークは、それぞれのユーザの行動が、周りのユーザの行動をどのくらい誘発するかが数値で表されている。このネットワークを「多変量ホークス過程（multivariate Hawkes process）」という方法を使って分析することで、ネットワークが臨界状態であるか否かを知ることができる[7〜9]。

ネットワークが臨界状態にあるということは、あるユーザの行動が他のユーザの行動を誘発し、その影響はネットワーク全体に及ぶことを指す。鳥の群れが臨界状態で動いているときは、一羽の鳥の動きが全体に伝わり、群れとして動けるのと同じ現象だ。一方、臨界状態でないときは、ふたつの状態をとる。ひとつは、ユーザの行動は他のユーザの行動に影響を与えず、ランダムに行動しているのと変わらない状態。もうひとつは、反対にネットワークは乱流のように振る舞い、どのユーザの行動が誰に影響しているのかわからないような状態を示す。ソーシャルメディアでいうと、炎上しているような状態と考えるといいかもしれない。臨界状態、ランダムな状態、乱流のような状態。これら3つの状態を「C」と定義すると、Cがちょうど2のとき（C=2）が臨界状態、Cの値が2より小さいとき（C<2）がランダム状態、Cの値が2より大きいとき（C>2）が乱流状態にあたる。

　ネットワークの状態をこのCの値で定義し、ファンコミュニティの「トピック」のネットワークがどのように時間変化しているかをみてみた。結果は、Cの値が上がったり、下がったりしているだけで、特に臨界領域であるC＝2との関係性はみられなかった。

　ところが、ここで生物の生態系にみられる「キーストーン種」という概念を導入して、キーストン種を含むネットワークのみを分析してみると、面白いことに、そのほとんどがC＝2の臨界境界に集まっていることがわかった。キーストーン種がいるネットワークは、臨界境界でコミュニケーションが行われ、ひとりのユーザの行動が、他のユーザの行動を誘発するような状態を示していた。

システムの適応性を高める「キーストーン種」

キーストーン種は、生物の生態系における「数は少ないけれど、それを取り除くと生態系全体のバランスが崩れるなど大きな影響を与える」種のことをいう。海岸の生物では、ラッコやヒトデなどがキーストーン種であることが報告されている[10]。

ファンコミュニティにおけるキーストーン種とは、それを取り除くとコミュニティ全体のアクティビティを大きく沈静化する「トピック」を指す。

では、どういう機構でそのようなキーストーン種が出現するのか。そもそも、生物の生態系においてもなぜキーストーン種が存在するのかは、まだきちんと明らかになっていない。しかし、コミュニティの活性度とキーストーン種の関係を調べてみると、キーストーン種が存在するコミュニティほど「新陳代謝」がよく、新しいものが生まれやすいという特徴がみえてきた。ここでの新陳代謝とは、新しいトピックをコミュニティの中に取り入れ、古いトピックはアクセスされなくなるような機構だ。

ファンコミュニティでは、コミュニティの運営者がその企業の商品訴求につながるトピックを立てるが、ユーザが勝手に立てる「しりとり」のトピックや、「今日の晩ごはんは何にしますか」といった本題とは一見関係なさそうなトピックが、コミュニティの持続性や進化には不可欠だということだ。

過剰に安定したシステムは、それゆえに新しいものが生まれず、進化もできず、そのままでは多様性が損なわれてしまうため、大きな変化が起きたときに生態系そのものが壊れる危険性が高い。キーストーン種が不安定性を増やす装置として働くことで、自分自身をアップデートすることができるようになる。体のツボのように、そこを押すと身体全体に効くような、あるいは建物をダイナマイトで壊すときに、うまいところに爆弾を仕掛けると全体が崩れるように、自分自身をアップデートするような機構を内在していることは、システムの適応性を高めるのだ。

不安定だからこそつくられる安定

インターネットのパケットが安定的に流れる仕組み、ソーシャルメディアが適応的に働く仕組みを「カオスの縁」という視点からみた。これらふたつのシステムに共通するのは、「不安定だからこそつくられる安定」という世界観だ。人工生命研究者の池上によれば、それは、古代ギリシャの哲学者エピクロスの「クリナメン」にその思想をベースとする人工生命の哲学でもある。

科学的にものを考えようとするとき、単純で壊れないということをものの基準に考えたくなる。理論はできるだけ単純であるべきだという「オッカムの剃刀」のような考え方が好まれる傾向がある。しかし、そうではなく、物事の本質はほうっておくと少しずつズレてきてしまうものであり、そうしたものを集めることによって世界は構成されている、というのがエピクロスの「クリナメン」という哲学だ。

進化を考えるときも、物事は変わっていく、変異していくということがその本質だ。変わるものを要素として世界がつくられていることが、進化のモデルの根底をつくっている。インターネットのデータの流れも、人々のコミュニケーションも、それぞれを構成している要素は不安定だが、こうした不安定なものを合わせることによってつくられている。そして、不安定であるがゆえに、その上に複雑なもの、オープンエンドなものが構成できる。そうした哲学をもとに世界を捉えていこうとするのが、人工生命の基底を成しているひとつの世界観である。

不安定は新しいものによってもたらされる。そして、インターネットは常に新しいものを生み出している。特に、ソーシャルメディアは新しいアイデアを生み出し、新しい文化がつくられる強力なプラットフォームとなっている。そこにはどのような仕組みが働いているのかを次にみていこう。

5-2

新しさをつくり出すメカニズム

文化の遺伝子「ミーム」

インターネット上で大きな生態系を築いているソーシャルメディアだが、最も大きな特徴は、「ミーム」が遺伝子やウイルスのように拡散することである。ミームとは、進化生物学者のリチャード・ドーキンス（Richard Dawkins）が提唱した、ヒトの心から心へと伝達および複製される言葉の流行やアイデアの拡散を遺伝子にたとえた言葉だ。

ミームは、わたしたちの日常生活の一部である。新しい言葉を学び、新しい歌を聴き、新しい映画を見て、新しい技術を取り入れ、新しいアイデアを考える。ときには自分にとって新しいだけでなく、社会全体にとっても新しいものを思いつくことがあり、個人的な「新規性」が世界レベルの「イノベーション」となることがある。ミームは新しい概念や技術の源でもあり、現代の文化や技術を進化させるための不可欠な役割を担っている。どのように新規性やイノベーションが生まれ、拡散し、競合し、安定化するのか。その基本的なメカニズムは、終わりなき進化をつくり出すための鍵となる。

インターネットが普及する以前の世界では、新しいミームとの出会いや、それらの間にみられる関係がデータとして記録されることはほとんどなかった。しかし、現在では、インターネット上で人間の活動を断続的に記録することができるようになった。その結果、「新しいミームがどのように生まれるのか」、「新しいミームがどのように拡散され、人気を得るのか」、その謎が解明され始めている。

進化するミーム

ソーシャルメディアにおけるミームはネットミームと呼ばれ、Twitterや Instagramで投稿される文章や画像、あるいはハッシュタグのことを指す。ソーシャルメディアの多くには、文章や画像を共有する機能が備わっている。Twitterにはフォロワーとツイートを共有する「リツイート（RT）」機能があり、Facebookではシェアボタンを押せば、「友達」に記事を簡単に共有できる。

新しいミームがソーシャルメディアに投稿されると、リツイートやシェアを通じて、ネットワークを介してまたたく間に拡散される。たとえば、次の図［fig.5-2］は、2011年の東日本大震災発生直後の1時間に拡散されたツイートを可視化した

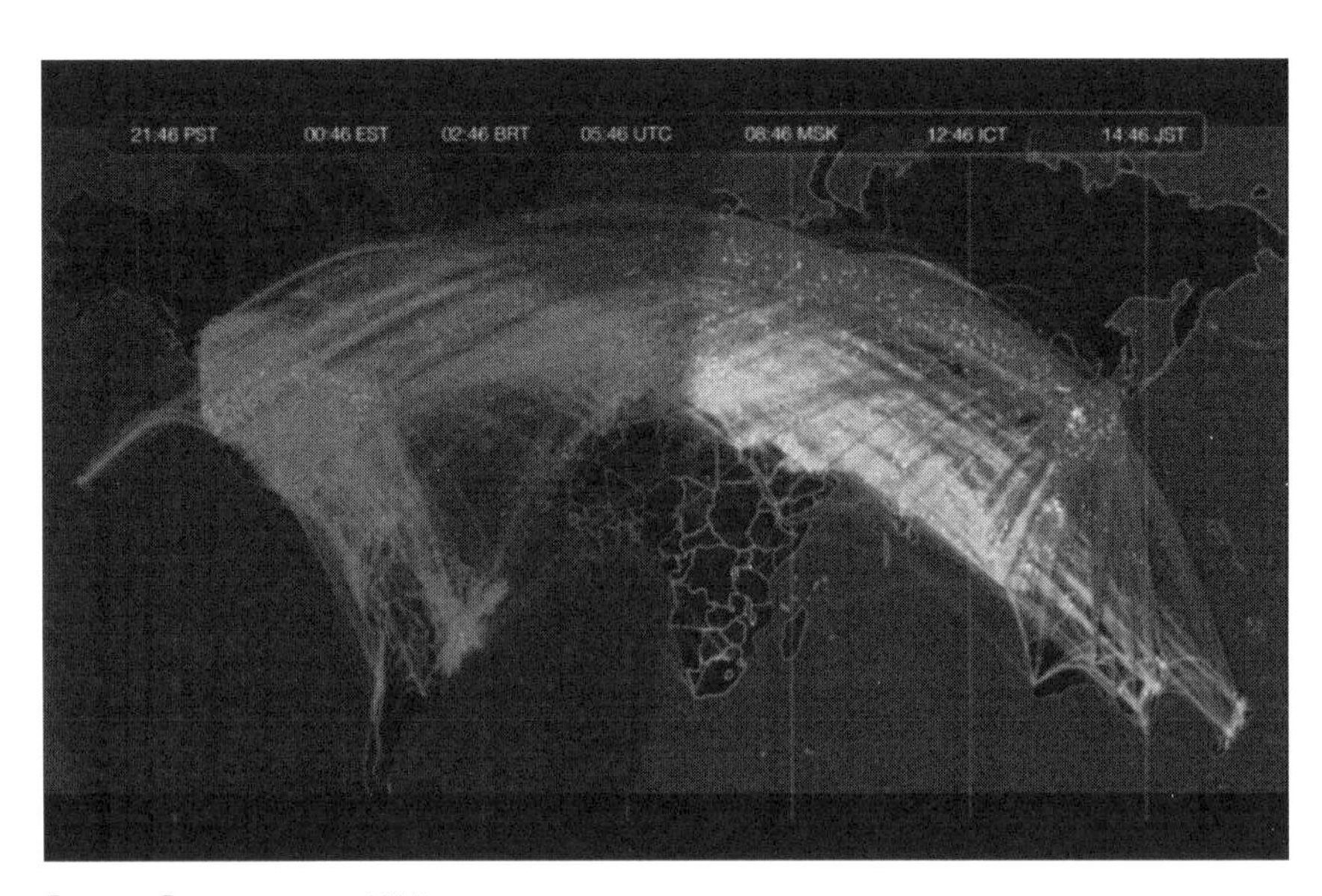

［fig.5-2］リツイートの可視化
https://www.flickr.com/photos/twitteroffice/5884626815/in/photostream/

ものだ[11]。動画では日本からのツイートが赤色、フォロワーによるリツイートが緑色で示されている。1時間という短い時間で、世界中に情報が伝わる拡散のパワーが垣間みられる。

ミームは環境の変化に応じてより拡散されるような進化も起こす。少し古い例だが、2009年に投稿された「no one should」と名付けられたミームを例に、その進化をみてみよう。このミームは、当時、大統領であったオバマ大統領が署名したアメリカの医療保険制度を改革する法律「オバマケア」に関するものだ。オバマケアを支持するリベラル派のFacebookユーザによって、2009年に「医療費が払えないからといって、誰も死ぬべきではない（略）」というミームが投稿された。

このミームは、投稿されるや否や注目を集め47万人のFacebookユーザが拡散した。

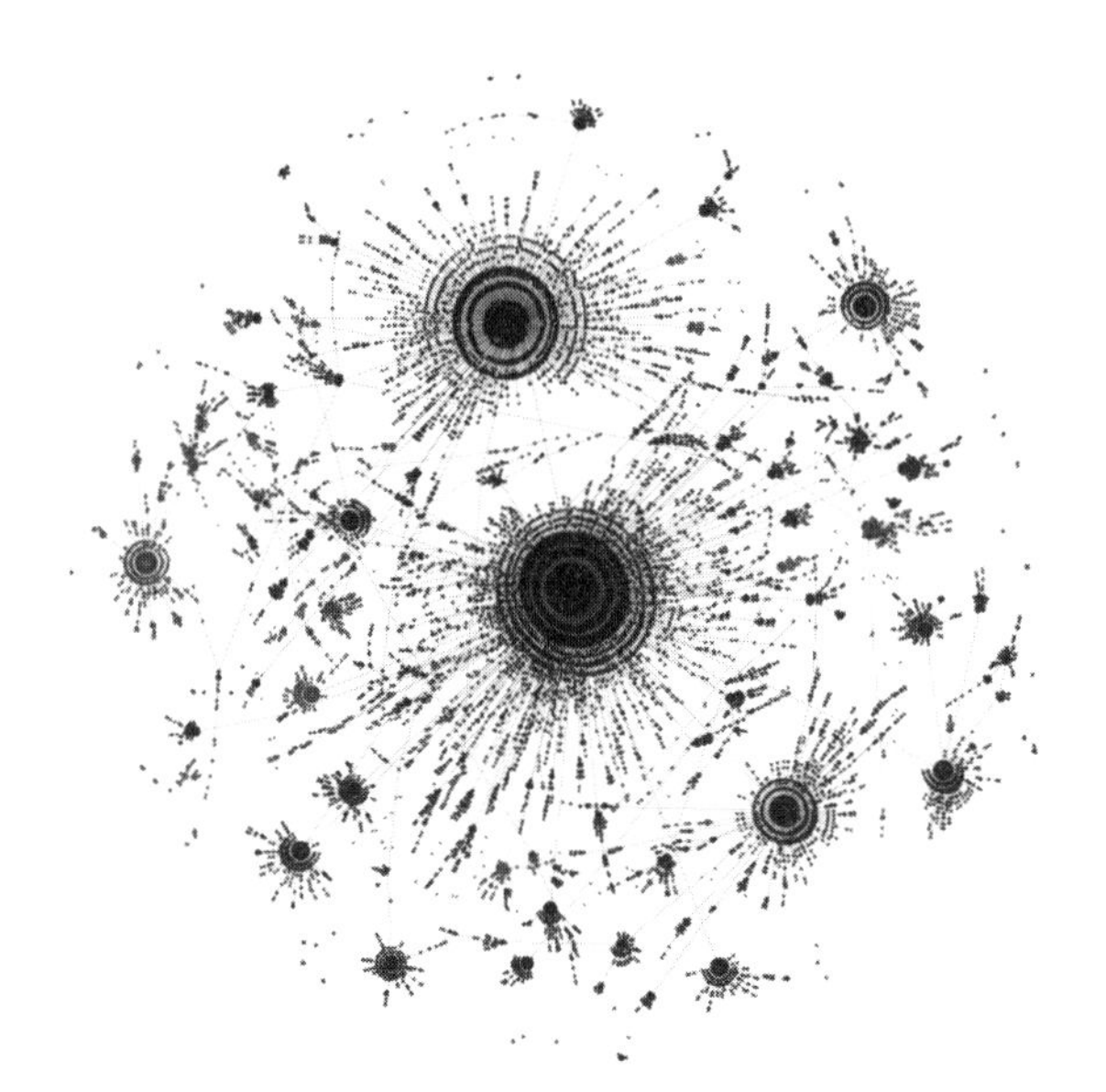

[fig.5-3]「no one should」ミーム：突然変異の樹形図
Adamic et al., Information Evolution in Social Networks, WSDM, pp.473–482, 2016.よりFig.1を引用

さらに、オリジナルの投稿に少し変更が加えられた12万以上の「変異」ミームが現れた。さまざまな政治的傾向のユーザが自分自身の見解や、友人の見解に合うようにミームを適応させたのだ。図[fig.5-3]はこのミームの突然変異を樹形図として可視化したものだ[12]。これらの変異ミームのほとんどはオリジナルのミームが投稿されたその日につくられたものだ。そして、変異ミームも拡散され、全体で114万もの投稿がなされた。

この分析を行った計算社会科学者のラダ・アダミック（Lada Adamic）によれば、ある種の遺伝子の突然変異が特定の環境で有利になることがあるように、ミームの突然変異も、一部の集団の信念や文化に合致すれば、伝搬し「進化」するのだ。

すでに人気のミームにはさらに人気が集まる

さて、一見、複雑そうにみえるミームの拡散や突然変異だが、その進化のプロセスは意外にもシンプルなモデルで捉えられることがこれまでの研究からわかっている。その代表的なモデルである「ポリアの壺モデル（Pólya urn model）」を例に、ここではその仕組みを少し掘り下げてみていこう。

まず、図[fig.5-4]に示すような異なる色のボールが入った壺を考える。色はそれぞれのミームを表している。そして、ボールを無作為に壺の中から取り出す。取り出されたボールがそれまでに取り出されていない新しい色であれば、新しいミームがつくり出されたこと――突然変異――に相当するとし、過去に取り出されたことのある色のボールであれば、その色のミームが拡散――自己複製――されることに相当すると考える。ボールをひとつ取り出したら、次に、取り出したボールと同じ色のボールを一定数（ρ個）増やし、再び壺に入れる。そして、この動作を繰り返す。

このモデルの重要な点は、数が増えた色のボールほど再び壺から取り出される可能性が高くなり、選ばれた回数が多いほど選ばれやすいという「優先的選択」が働いているということだ。たとえば図では、灰色が壺の中に5つ、他の色（図では柄）は1つずつ、合計12個のボールが入っている。ボールは壺からランダムに選ばれるため、灰色のボールが選ばれる確率は5／12、その他は、1／12となる。

壺モデルをコンピュータでシミュレーションした結果を、ソーシャルメディアにおける新しいミームの増え方や拡散傾向と比較してみると、驚くことにこの単純なモデルでミームの平均的な挙動が再現される。それはつまり、ミームの拡散度合いは、それまでに拡散された回数よって決まり、すでに人気のあるミームにはさらに多くの人気が集まることを示している。壺

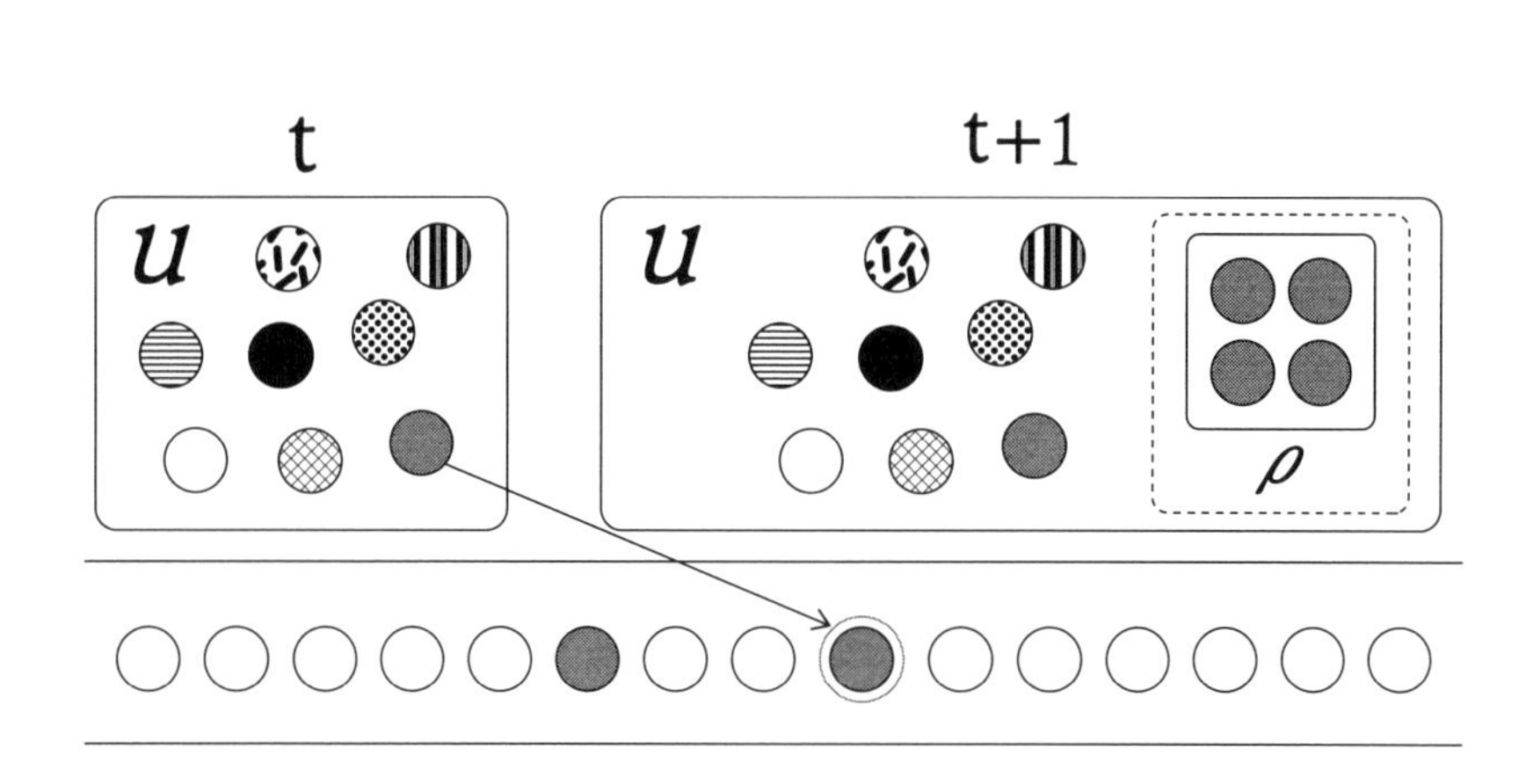

［fig.5-4］ポリアの壺モデル概念図
Tria et al., The dynamics of correlated novelties, Scientific Report 4:5890. 2014.よりfig.5を参考に色を模様に変えて作成

モデルが、ミームの内容的な優劣やトレンドなどは一切考慮していないことからも、その内容にかかわらず、これまでに使われた回数が拡散度合いを決める重要な要因となるのは確かだ。

新しいミームは隣接可能空間で生まれる

さて、ポリアの壺モデルからすでに人気のあるミームはさらに多くの人気が集まるというソーシャルメディアでのミームの拡散の仕組みがわかった。では、新しいミームはどのようにつくり出されるのだろうか。壺モデルでは、ランダムに起こると仮定している。

しかし、新しさは本当にランダムに起こっているのだろうか。毎日の生活を振り返ってみると、はじめての経験が別の経験を呼び起こすということは、身近に経験している。気に入った曲を見つけると、同じアーティストや同じスタイルの音楽を探したくなるし、新しい美味しい料理に出会うと、同じジャンルの料理を提供するレストランに行ってみたくなるし、新しい本で新しい考え方に触れると、関連している本を読みたくなる。新しいものは別のものを誘発することがある。

新しいものは、ランダムに起こっているのではなく、既知の事実の周辺で起こっているのではないか。それを理論として唱えた人がいる。前述のスチュアート・カウフマンによる「隣接可能空間」だ[13]。

「隣接可能空間」とは、もともとはカウフマンが、分子や生物の進化を説明するために理論化した概念で、実際の存在するものから一歩離れたところにある、近い将来に現実になる可能性の空間を指す。この概念の重要な点は、新しさはランダムに思いつくのではなく、隣接可能空間に広がっていく性質がある、ということだ。そして隣接可能空間は新しいものが現れるたびに再構築される。言い換えれば、可能性の空間は、現実と可能性の間の絶え間ない動的な相互作用の中で、その要素が現実世界に取り込まれるたびに拡大するのだ。

隣接可能空間の考え方をFacebookのようなソーシャルネットワークを使ってみてみよう[fig.5-5]。ソーシャルネットワークの空間で考えると、灰色のノードで表したすでにつながっている友達が現実の空間だ。一方、隣接可能空間は、白色のノードで表しており、友達の友達で、まだ自分と友達になっていない人たちを指す。そして、隣接可能空間にいる新しい人と友達になると、友達になる前には予測できなかった新たな友達の空間が現れる。

このように、隣接可能空間にある新しい発見は、未来の可能空間を変化させ、探求されていない可能性の空間は、その瞬間ごとに絶えず変化する。新しいことが起こるたびに、隣接する可能性は広がっていく。

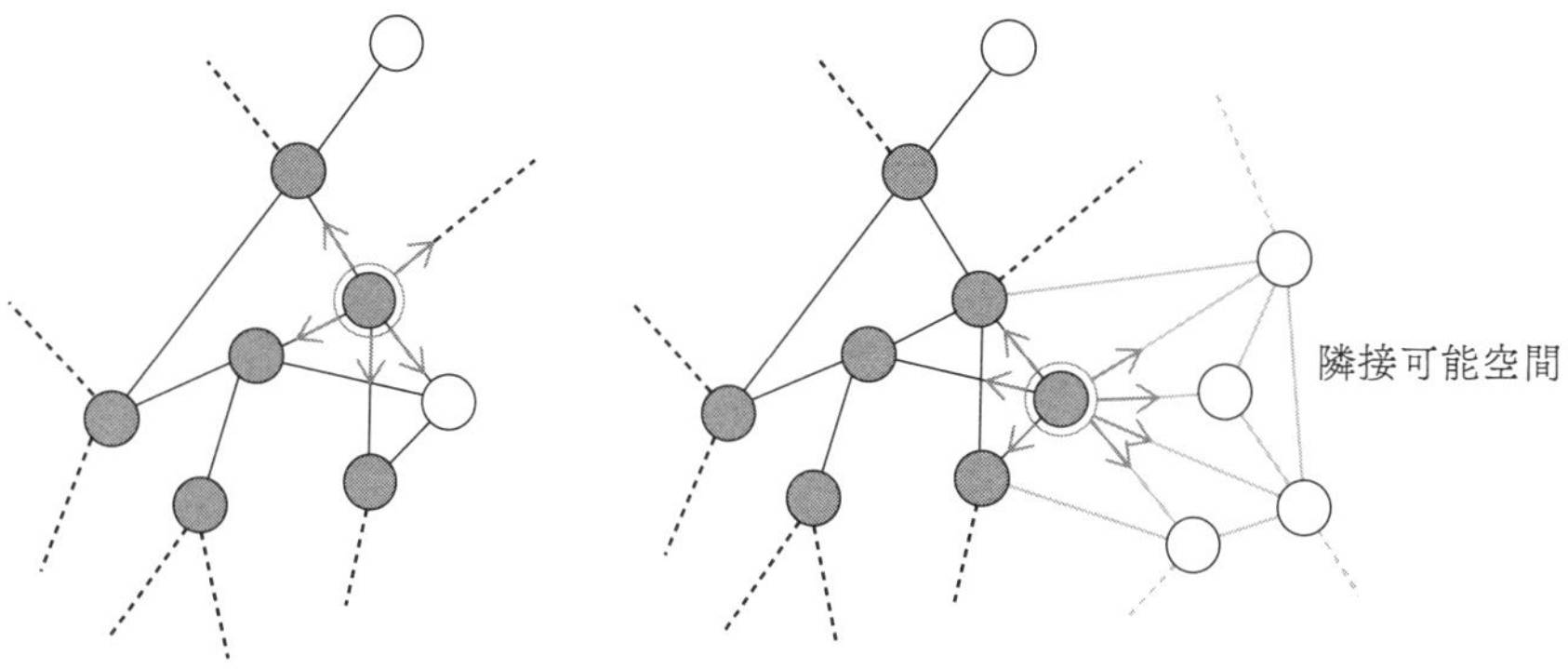

［fig.5-5］隣接可能空間の概念図
Loreto et al., Dynamics on Expanding Spaces: Modeling the Emergence of Novelties, arXiv preprint arXiv:1701.00994, 2017よりfig.1を参考に作成

カウフマンは、隣接可能空間という概念を導入することで、ひとつの新しいことが最終的に別の新しいことにつながることを説明した。何か新しいことが起こるとき、それは単独で起きるのではなく、周りの可能性、つまり、テーマ的に隣接していて、それによって引き起こされる可能性のある他の潜在的な新しいアイデアがついてくるのだ。どのような空間が隣接可能空間になるのかは事前に決められるものではなく、それは行動や選択によって継続的につくられていく。

直感に従えば新しいアイデアが見つかる

新しさはランダムではなく、すでにあるアイデアの近くにある隣接可能空間に向かって探索される。カウフマンの隣接可能空間は、新しさがどのように生み出されるか、その理解を一歩進める考え方だ。そして、この考えが正しいかどうか、つまり、実際に新しさがその周辺にある近いものへ広がっているかどうか、実際のデータで確かめることができる。

物理学者のヴィットリオ・ロレート（Vittorio Loreto）らが行った、音楽の聴かれ方の隣接可能空間を調査した結果をみてみよう[14]。

Last.fmという音楽SNSのデータを使った分析だ。このSNSではユーザが聴いた曲がその時刻とともに記録されている。ここでの「新しさ」は、ユーザがある曲をはじめて聴く、という行動を指す。各曲がそれぞれのユーザによって聴かれた時間順に並べたとき、曲のあいだには何かの関係があるかをみてみた。すると、同じアーティストによる曲が、次々と短い時間隔で集中的にはじめて聴かれていることがわかった。あるアーティストの曲を聴いていると、そのアーティストの他の曲も聴いてみたくなることはよくある。新しい曲を聴くと、同じアーティストによる曲、という「隣接する」新しい曲を聴く行動が、一部のユーザだけでなく、多くのユーザの行動にみられたのだ。

はじめて聴く曲の間に、相関がみられるというのは当たり前に感じるかもしれない。興味深いのは、新しさの相関は、Last.fmだけでなく、ウィキペディアの編集、Twitterのハッシュタグ、オープンソースの開発過程（GitHub）といったあらゆるシステムにもみられたことである。

新しさは偶然に起きているわけではなく、相関している。データによってバックアップされたこの発見は、行き詰まってどうしたらいいかわからず、立ち止まってしまったときの身の振り方を教えてくれる。そういうときは、すでに実現したアイデアやこれまでの経験の一歩先にある、ひとつの新しい行動を起こす。そうすると、隣接可能空間が広がり、さらなる新しいことへつながっていく。ロレートの言葉を借りれば、「自分の直感に従っていけば、正の連鎖反応が起き、その結果、新しいアイデアが見つかる可能性がある」ということだ[15]。

隣接可能空間の妥当性

ロレートらは、隣接可能空間という概念による新しさが生まれる仕組みについて、データ分析だけでなく、モデルによっても確かめている。モデルのベースとなるのは先に説明した「ポリアの壺モデル」だ。

さて、古典的な「ポリアの壺」モデルには、新しいものにアクセスしたときに、隣接可能空間が広がるという概念が含まれていない。そこで、隣接可能空間を表現するようにこの壺モデルに少しの変更を加える［fig.5-6］。壺の中から取り出したボールが、はじめて取り出されたものであった場合、「壺の中にはない全く新しい数種類（ν＋1個）の色のボール」と一緒に壺の中に戻すようにするのだ。こうすることで、何か新しいことが起こったときに隣接する可能性が広がるように、新しいボールが取り出されるたびに、壺の中には新たな色のボールが増えていく。一方、過去に取り出されたことのある色のボールであった場合は、古典的なポリアの壺モデルと同様に、一定数（ρ個）その色のボールのみを増やして壺に戻す。

拡張されたポリアの壺モデルは、すでに人気のあるミームにはさらに多くの人気が集まるという優先的選択の効果に加えて、隣接可能空間の概念が入ったモデルとなった。

拡張した壺モデルをコンピュータでシミュレートし、ソーシャルメディアのデータと比較してみると、Twitter

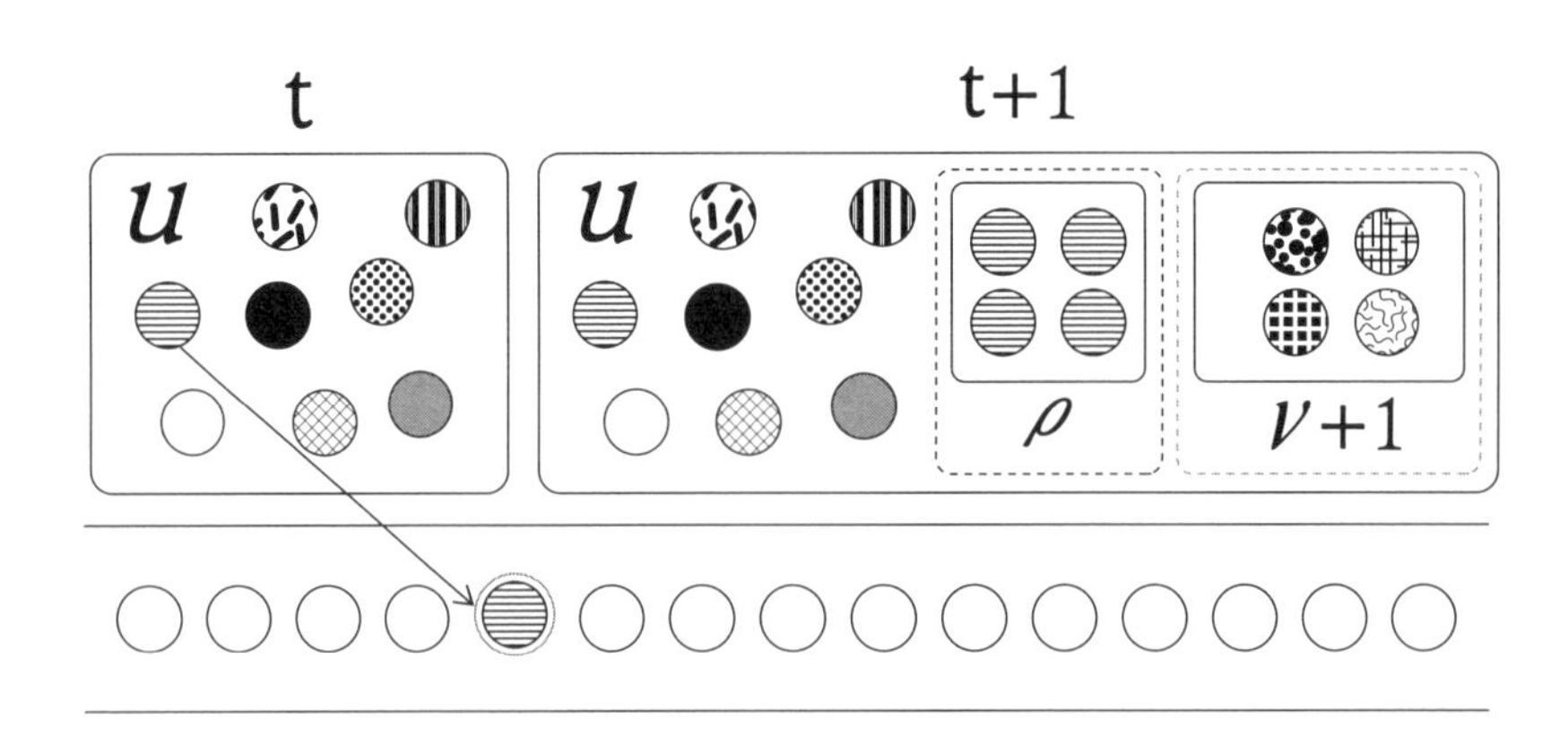

［fig.5-6］ポリアの壺モデル＋隣接可能空間モデル概念図
Tria et al., The dynamics of correlated novelties, Scientific Report 4:5890. 2014.よりfig.5参考に色を模様に変えて作成

のハッシュタグ、音楽の聴かれ方などオンラインでの多くのコミュニケーションにみられる新しいミームが生まれるパターンと見事に一致した。隣接可能空間は、新しいミームが生まれる仕組みをうまく捉えているのだ。

新しいものが「バズる」仕組み

ここまで、ミームの拡散は、「富める者はさらに富む」という優先的選択の理論に従って、すでに有名になっているものほどさらなる注目を集めやすいこと、新しいミームがつくられるときはランダムではなく、隣接可能空間に向かっていることをみてきた。

さて、もし本当にミームの挙動がこれで完全に捉えられているとしたら、この話はここで終わりとなる。新しいミームは隣接可能空間に向かってつくられているし、何がどれだけ流行るかは、これまでにどれだけ流行ったかによって決まる。新しいものが出現する可能性も常に予測できるし、何がどれくらい流行るかも予測できるということになる。

しかし、である。これらの法則に従うと、最も古いものが常に最も人気を集め、新しいものが古くて人気のあるものを上回って人気を得ることができないことになる。しかし、もちろんそんなことはない。毎週の音楽ヒットチャートは、常に最新の音楽であふれているし、売れ筋の本も毎週変わる。比較的短い時間に多くのユーザの注目を集めることができた新しいものは、「バズり」を生み出す。ハッシュタグを例にとっても、システム全体の長期的な視点でみると、初期に登場した古いハッシュタグほど依然として有利だが、短期的な視点でみると、新しいハッシュタグが古いものよりも人気を得ている。つまり、よく使われる有名で古いハッシュタグ、最近登場したハッシュタグ、そしてその中間に位置するハッシュタグが、異なる時点で人々の注目を集めて、複雑な拡散のパターンをつくっている。

新しいものが「バズる」現象の裏には、さらにどのような仕組みが働いているのだろうか。それには少なくともふたつの要素が関係していることがわかっている[16]。

ひとつ目は、それぞれのユーザが、どれくらいすでに知られているものを選ぶか、あるいは、新しいものにアクセスするかの割合が関係している。すでに知られているものを「利用」して強化しようとする傾向と、新しい可能性を「探索」しようとする傾向のバランスが、人気を得る新旧の要素が交互に登場するか否かを決めている。古いものを「利用」する力が強すぎると、人気を得る新しいものは出てこない。反対に、新しいものがつくられすぎると、回転率が高すぎて、人気の出始めたものがすぐに別の新しいものに置き換えられてしまうため、どんなものも高い人気を得ることができない。

「バズる」現象を生み出すには、これらのちょうど良いバランスが必要になる。モデルの提案者であるロレートらの実験によると、80%の「利用」と20%の「探求」のバランスが、新しいものが出現し、古いものを抑えて人気を得るための時間もとれる良いバランスだという。

興味深いことに、このバランスは、Googleなどの企業で実施されている「20%ルール」に通じる。20%ルールとは、すぐに見返りを得られるかどうかわからなくても、将来大きなチャンスになるかもしれないプロジェクトの探索や取り組みに、仕事に使う時間を使うというルールだ。実際、20%ルールの取り組みから、GmailやGoogleニュース、さらにはGoogleマップも生まれている。新しいものに取り組み、それらが成果をあげるためには、会社の他のメンバーからも認められる必要がある。また、プロジェクトが大きくなるにつれて多くのメンバーの協力も必要になってくるだろう。会社のメンバー全員が仕事の20%の時間を新しい探索に使うことが推奨されている環境であることが、Googleの新たなプロジェクトを成功に導いたのであろう。

ふたつ目は、各ユーザがアクセスできる隣接可能空間を分けることだ。前述の隣接可能空間の概念を加えた壺モデルは、すべてのユーザが同じ隣接可能空間を共有していることを仮定している。しかし、実世界ではこの仮定は成り立たない。ユーザによってアクセスできる隣接可能空間は異なるからだ。ソーシャルネットワークを考えても、あなたとわたしがそれぞれもつ人脈ネットワークは異なり、結果として隣接可能空間も必ず違ってくる。

隣接可能空間をユーザによって分けることは、新しいミームをすべて同じ土俵で競争させないことでもある。ローカルでニッチなコミュニティをつくり、そのコミュニティで多くのユーザが新しいミームを拡散することで、古いミームが優先的選択によって拡散される回数を上回り、「バズる」現象が生まれるという仕組みがみえてくる。

ニッチなコミュニティが流行りをつくる。隣接可能空間のモデルからの発見は、ビジネスにおけるニッチ戦略に通じる。ニッチ戦略で成功した代表的なアイドルグループAKB48は、秋葉原のドン・キホーテにある劇場を舞台にその活動を始めたことで知られている。それまでにはアイドル誕生の場所としては注目されてこなかった、秋葉原という「場」としてのニッチに加え、秋葉原に来るガジェットや本好きで知的好奇心旺盛なオタク層をターゲットとしたことが、成功の鍵となったといわれている。ニッチな空間と人によって支持され拡散されたことが、その後の大きな成功につながったのだ。

「利用」と「探索」のバランス、グローバルな競争を避け空間を分ける仕組み、壺モデルと隣接可能空間のモデルに、このふたつの仕組みを加えると、ソーシャルメディアのミームがみせる「バズる」現象をうまく捉えるのだ。モデルのシミュレーションと、実データの詳細な比較も見事に一致する。

さて、ここまでソーシャルメディアにおいて、「新しいミームがどのように生まれるのか」、「新しいミームがどのように拡散され、人気を得るのか」についてみてきた。そして、モデルとデータの分析から、新しいミームはランダムではなく隣接可能空間に向かっていること、ミームの拡散は、基本的にはこれまで人気を集めているものがより人気を集めやすい優先的選択が働いていることが明らかとなった。さらに、新しいミームが人気を得るには、過去を振り返るか、未来をみるかのバランスが大切なこと、グローバルな競争に晒されないニッチな空間をつくることが大切だとわかった。

新しいミームが生き残るために必要なこれらの要素は、オープンエンドな進化をつくり出すためにも、重要な要素であるはずだ。そして実際、こうした概念を盛り込んだ、オープンエンドな進化に向けたアルゴリズムの開発に活かされている。次の章では、それをみていこう。

参考文献

[1] Number of internet users worldwide from 2005 to 2021, statista https://www.statista.com/statistics/273018/number-of-internet-users-worldwide/

[2] The Network Simulator – ns-2 https://www.isi.edu/nsnam/ns/

[3] Mizuki Oka, Hirotake Abe, Takashi Ikegami, Dynamic Homeostasis in Packet Switching Networks, Adaptive Behavior, 23(1):50-63, 2014.

[4] Chris G. Langton, Computation at the edge of chaos: Phase transitions and emergent computation, Physica D: Nonlinear Phenomena, 42(1-3):12-37, 1990.

[5] W. Ross Ashby, Requisite Variety and its Implications for the Control of Complex Systems, Cybernetica, 1(2):405-417, 1958.

[6] クオン株式会社 https://www.q-o-n.com/

[7] Shota Ejima, Mizuki Oka, Takashi Ikegami, Concept of Keystone Species in Web Systems: Identifying Small Yet Influential Online Bulletin Board Threads, In proceedings of the 11th ACM Conference on Web Science, pp.81-85, 2019.

[8] Palin Choviwatana, Shota Ejima, Mizuki Oka, Takashi Ikegami, Web as an Evolutionary Ecosystem: Emergence of Keystone Species, In proceedings of the 2020 Conference on Artificial Life, pp. 230-238, 2020.

[9] Tomokatsu Onaga, Shigeru Shinomoto, Emergence of event cascades in inhomogeneous networks, Scientific Reports, 6:33321, 2016.

[10] Mary E. Power et al., Challenges in the Quest for Keystones: Identifying keystone species is difficult—but essential to understanding how loss of species will affect ecosystems, BioScience, 46(8):609:620, 1996.

[11] リツイートの可視化 https://www.flickr.com/photos/twitteroffice/5884626815/in/photostream/

[12] Lada A. Adamic, Thomas M. Lento, Eytan Adar, Pauline C. Ng, Information Evolution in Social Networks, In proceedings of the Ninth ACM International Conference on Web Search and Data Mining (WSDM'16), pp.473–482, 2016.

[13] Stuart Kauffman, The Origins of Order: Self-organization and Selection in Evolution (Oxford University Press, 1993.

[14] Francesca Tria, Vittorio Loreto, Vito Domenico Pietro Servedio, The dynamics of correlated novelties. Sci. Rep., 4(1):5890, 2014.

[15] Bernardo Monechi, Ãlvaro Ruiz-Serrano, Francesca Tria, Vittorio Loreto, Waves of novelties in the expansion into the adjacent possible, PLoS ONE, 12(6):e0179303, 2017.

[16] Vittorio Loreto, Need a new idea? Start at the edge of what is known, TED Talk, 2018.

Chapter 6 オープンエンドな進化

6-1

人工生命が目指す オープンエンドな進化

集合知から考える発散的な探索

人間のイノベーションや地球の進化にみる、終わりなき創造的なプロセスを人工的にどうやったらつくり出せるか。終わりなき進化をつくるためには、何に意識をおいて、どこから始めればいいのか。普通に考えたら途方に暮れてしまうようなこれらの問いも、ここまでみてきた人工生命研究で得られた知見の一つひとつを入り口に考えると解決策がみえてくる。

身体と環境、あるいは、個体間の相互作用がつくる創発現象、集団の進化、新しいミームが生まれ、注目を集める仕組み。本章では、これらの要素を取り入れた具体的なアルゴリズムを紹介し、オープンエンドな進化の実現性を探っていく。

一連のアルゴリズムの中で肝となるのは「発散的な探索」という考え方だ。「集合知」という観点から、「発散的探索」について考えていこう。

人間の知性は、個人でも発揮されるが、集団になることで個人にはない集団としての知性、集合知を発揮することがある。たとえば有名な実験に、ビンの中のジェリービーンズの実験がある[1]。とある教室で、教授が集合知の効果を確かめるために、ビンの中にジェリービーンズをいっぱい入れて、学生にその数を当てさせた。56人の学生の推定値の平均は871個。実際に入っていたのは850個。871個より正解の850個に近い値を答えた学生はたったのひとりだった。みんなの答えを使って、集合的に推定すると、その平均値は正解に近くなる。

もうひとつの例をみてみよう。日本では、2000年から2007年まで地上波で放送されていた「クイズ$ミリオネア」の番組。解答者に全部で12問のクイズが出題され、1問正解していくごとに賞金が増えていく。解答者は、問題の解答に迷ったときに「ライフライン」を使用することができる。ライフラインには、4つの選択肢のうち不正解の2つを消してもらう「フィフティ・フィフティ」、スタジオの観客にどの答えが正しいと思うか尋ねる「オーディエンス」、事前に待機してもらっている5人のうちの1人に電話する「テレフォン」がある。「オーディエンス」は集合知を活用しており、これら3つのライフラインの中で最も正解率が高い。

インターネットを活用した集合知も多い。たとえば、ウィキペディア。世界で5番目に多く閲覧されているウェブサイトで、誰でも編集可能なオンライン百科事典である[2]。登場した当初、「専門家ではない人でも編集可能な百科事典は信頼性に欠ける」という批判が多かったが、現在ではそうした声も少なくなり、ある程度信頼に足り得る事典として定着している。

ウィキペディアの記事は、1記事あたり平均で1924回の改訂が行われている。そして、ウィキペディア記事は改訂の回数が多いほど、より中立記事になる傾向がある。つまり人々が記事に手を加えれば加えるほど、バイアスの度合いが小さくなるのだ。誰でも編集可能とすることで多様な視点が加わり、記事のカバーする範囲だけでなく、その信頼性も集合知によって向上する[3]。

群衆の知恵と集団的知性

これら集合知の例は、一見どちらも人間の集団性を同じように利用した知性にみえるが、ふたつの種類に分けられる。「群衆の知恵（wisdom of crowds）」と「集団的知性（collective intelligence）」だ。

『「みんなの意見」は案外正しい』という世界的なベストセラーを書いたジェームズ・スロウィッキー（James Surowiecki）によると、群衆の知恵とは「多くの人々が互いの知識に影響されることなく個別に自らのデータを生み出し、その個別データを匿名で集計することで得られる知恵」とある[1]。ジェリービーンズ実験や「クイズ＄ミリオネア」の例は、群衆の知恵としての集合知だ。

一方の集団的知性は、フランスの哲学者ピエール・レヴィ（Pierre Lévy）によると、「コミュニティ内で情報、知見、成果を共有し、それらを互いに修正・評価し合うことによって得られる理解の一致」とある[4]。まさにウィキペディア記事の編集で行われていることだ。集団がさまざまな意見を共有し、協力して編集、あるいは、編集合戦によって記事を生み出す。この循環でより信頼性の高い洗練された集合知が生まれている。

収束型の集合知と発散型の集合知

群衆の知恵と集団的知性。どちらも集団としての知性だが、導かれる知性の性質が異なる。つまり、1つの解に収束させるために集団を用いている。一方、集団的知性は、発散的な知性だ。「収束型」と「発散型」だ。群衆の知恵は、個人の答えを集計することで正しい解を求める。集合の協働がより高いレベルの解を生み出し、多様な人が関わることで、さまざまな解を生む。

ここでオープンエンドの話とつながる。つまり、オープンエンドなアルゴリズムとは、収束的ではなく、イノベーションや自然進化のように発散的であるべきなのだ。

当たり前の話のように聞こえるだろうか。確かにそうかもしれない。しかし、これを人間ではなく機械を使って行おうとすると、ほとんど無意識に、収束的な問題に落とし込む癖がついてしまっている。画像に写っている人が誰かを特定する、eコマースサイトで顧客が商品を購入する確率を予測する……多くの機械学習のタスクは収束型のタスク設定だ。

もっといえば、学校で扱う課題の多くもひとつの解答がある場合がほとんどだ。テストの採点がしやすいのも、答えが一意に決まっているからである。

しかし、発散的な考え方が、オープンエンドなアルゴリズムでは重要になる。ひとつの解ではなく、たくさんの何か面白そうなものを見つけること。ひとつの最適解を見つけるためというよりむしろ、新しい解を見つけるために、発散的に探索すること。これが、終わりなき進化をつくり出すために必要な仕組みである。

発散的な探索を実現するために

発散的な探索を実現するためにはどうしたらよいか。そのヒントを探るために、「Picbreeder」というウェブサイトをみてみよう[5]。

Picbreederは、コンピュータが自動生成する画像を、ユーザが「繁殖」させるというウェブサイトだ。Picbreederという名前は、Picture（絵）とbreeder（繁殖するもの）を掛け合わせた造語である。Picbreederには、生物の繁殖と同じような仕組みが遺伝的アルゴリズムによって実装されている。通常の遺伝的アルゴリズムと一点だけ異なり、コンピュータが次世代に残す個体を選ぶのではなく、ユーザが選ぶようになっている。ユーザは、自分が面白いと思った画像を選び交配させていくことで、アーティストでなくても面白い絵をつくり出すことができる。ジェネティック・アート（genetic art）と呼ばれるこうした絵のつくり方は、リチャード・ドーキンスが著書『ブラインド・ウォッチメイカー——自然淘汰は偶然か？』ではじめて紹介したものだ[6]。ウェブサイトの初期画面には15枚の絵が表示される。これらは、絵の「遺伝子」を使って、生物のように交配させることで進化していく。たとえば、丸が描かれている絵が多い中で、四角が描かれている絵を「親」として選んでクリックすると、次の世代の15枚の絵には、四角い絵が多く出てくる。自然界の生物の繁殖と同じように、親に「変異」が加わった絵が「子ども」として、自動的につくられる仕組みだ[fig.6-1]。

この操作を何度も続け、気に入った絵をクリックして新しい絵をつくっていくと、何世代にもわたってユーザの選択を反映した絵が進化していく。ユーザはこの操作を無限に繰り返すことができ、自由なタイミングで絵をウェブサイトに投稿できる。

また、他のユーザが育てた絵を選択して、継続して育てることができる。ユーザはお互いの発見を出発点に、新しい絵をつくる。画像の「進化」の過程もすべて記録される。人によって好きなものが違うため、個人的な好みに応じてひとつの絵がさまざまに分岐し、系統が広がっていく。

探索を集団で行うことの良さは、ひとつの鉱脈が枯渇したとしても、多くの他の視点での新しさを探索し続けている個体がいることだ。全体的に見て、いくつかの鉱脈がうまくいっている限り、探索は非常に健全で、多様化し続けてくれる。もし、ひとりでこの作業を行う場合、せいぜい20回程度しか作業を続けられない。集中力が続かず飽きてしまうからだ。Picbreederのサイトは、残念ながら現在は運用されていないが、同じ仕組みで絵を進化させることができるサイトをGoogleのエンジニア、デイビット・ハー(David Ha)がブログで公開しているので、実際に試してみることができる[7]。遊んでみると、確かに数十世代で集中力が続かなくなり、個人で見つけられる

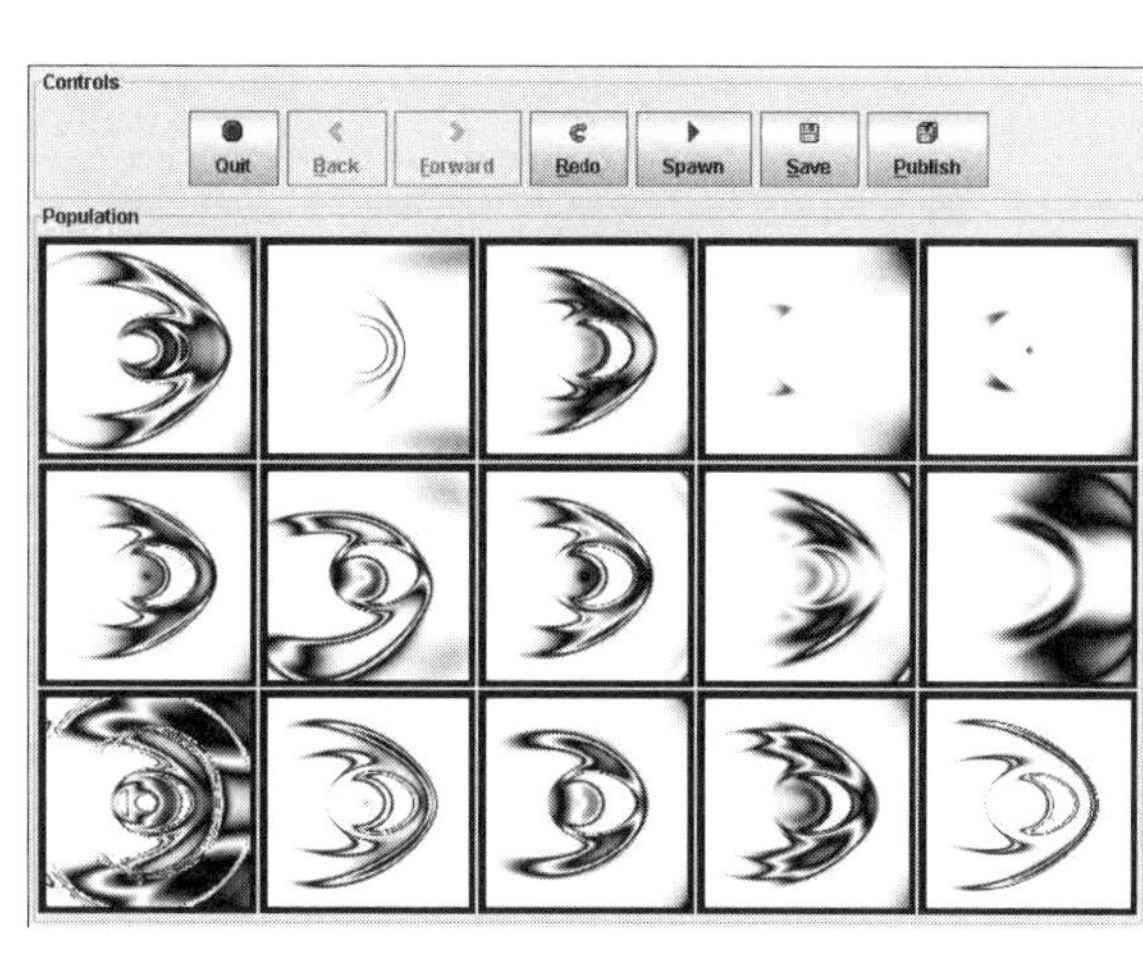

[fig.6-1] 真ん中の絵を「親」として自動生成された新たな絵
Jimmy Secretan et al., Picbreeder: Evolving Pictures Collaboratively Online, CHI, pp.1759–1768, 2008.よりFig.2を引用

絵の範囲は限られることを実感する。

ウェブサイト上で集合的に絵を繁殖させることで、何百世代にもわたって絵が進化していく。丸、三角、四角といったランダムな絵から、「ペンギンのような絵」、「鬼のような顔をした絵」、「骸骨のような絵」など、初期のとてもシンプルな絵からは想像がつかない、複雑な絵が進化してくる。人間による、終わりなきオープンエンドな創造性を、これらひとつひとつの絵にみることができる[fig.6-2]。

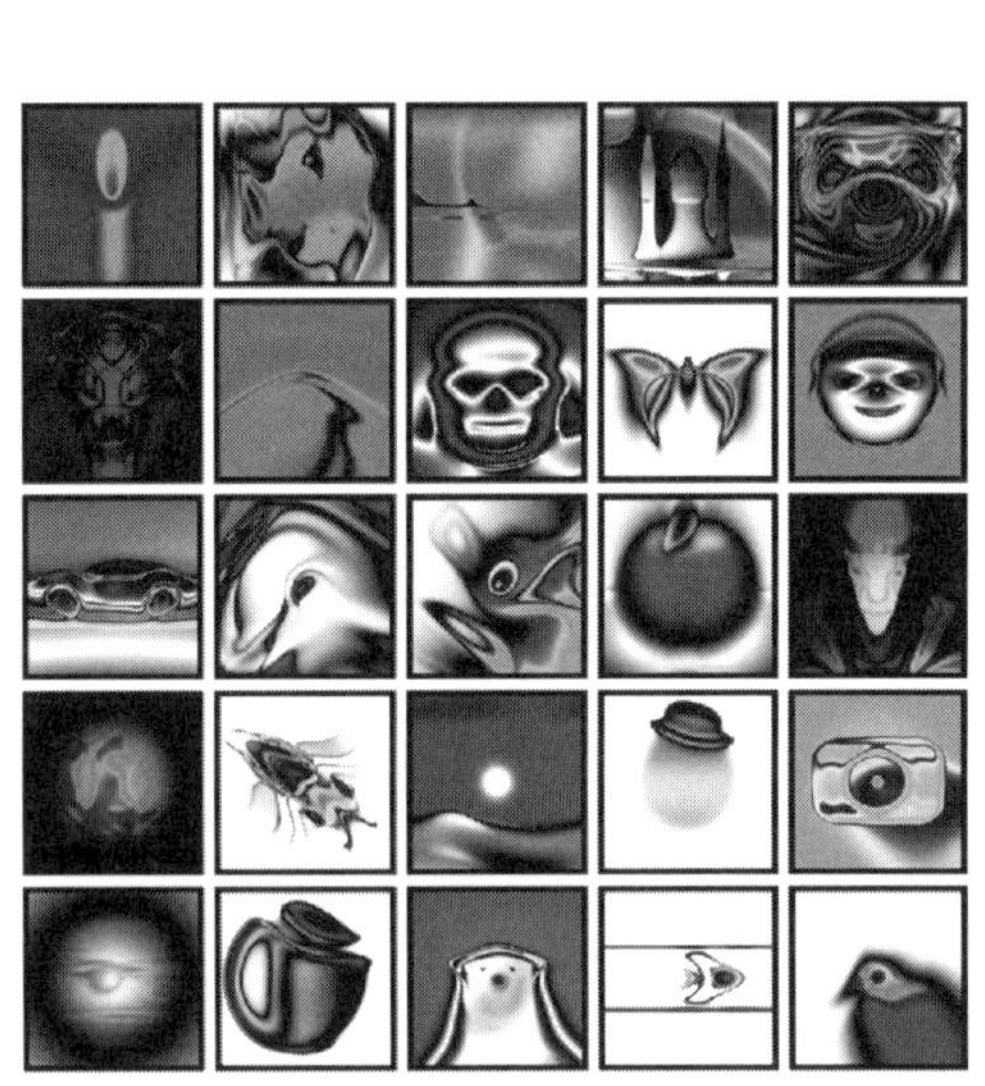

[fig.6-2] Picbreeder上で進化した絵
Kenneth O. Stanley, Joel Lehman, Why Greatness Cannot Be Planned: The Myth of the Objective, Springer, 2015. より Fig.3.3を引用

共通の目的をもたない

Picbreederの結果から示唆される、発散的な探索に必要な要素は「共通の目的がない」ことだ。

Picbreederで可能な操作は、先に述べたとおりユーザによる「親」の選択と、コンピュータがつくる「変異」のみだ。ユーザは思い思いに絵を選び、その過程で何か面白い発見(絵)に辿り着いたら、それをサイトに投稿する。たとえば、「鍋の蓋のような絵」が複数人のユーザに選択され、分岐を通じて「骸骨のような絵」に辿り着く。

ここで「鍋の蓋のような絵」を投稿したユーザが、「この絵は、骸骨のような絵をつくるために必要なものだ」と思って投稿したとは考えにくい。「共通の目的がない」とは、最終的な発見（共通の目的）を念頭において途中の絵を作成したのではない、ということだ。実際、最終的な発見は、途中過程で発見されるものと似ても似つかないことが多い[fig.6-3]。

さて、「共通の目的がない」という、発散型の探索に必要な要素が明らかになったところで、これらをコンピュータに自動的に行わせるための具体的な方法を、次にみていこう。実現したいのは、人間が参加せずともオープンエンドになる人工システムだ。

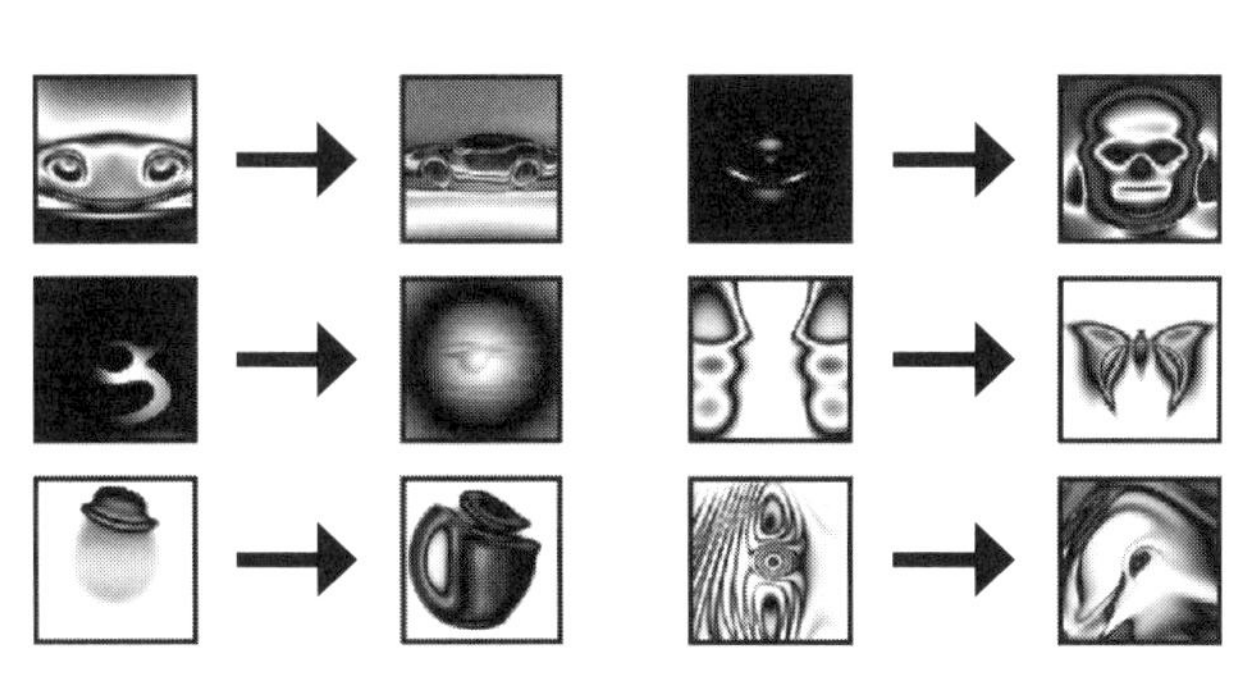

［fig.6-3］途中の絵からは似ても似つかない最終的な絵
Kenneth O. Stanley, Joel Lehman, Why Greatness Cannot Be Planned: The Myth of the Objective, Springer, 2015.よりFig.3.6を引用

6-2

発散型の探索をコンピュータで実現する

遺伝的アルゴリズム――収束的な探索

Picbreederでは、コンピュータが自動生成する15個の絵から次世代に受け継ぐ遺伝子をユーザが決めていた。人間にはオープンエンドな能力が備わっている。Picbreederがオープンエンドなシステムになっているのは、それぞれが個人的な好みに応じて、次世代に残す絵を選択していたからだ。人間が発散的な探索を実現していたともいえる。人間を介さずに発散的な探索をコンピュータに行わせるためにはどうすればいいか。遺伝的アルゴリズム――進化計算の古典的なアルゴリズム――をベースにみていこう。

遺伝的アルゴリズムは、集団の中から「良い性能」を示す個体を選び、その遺伝子を受け継いだ個体を次世代の集団に加えながら、解を探索する。その過程で、悪い性能の個体は集団から除外していく。何世代も経たあとに残るのは、高性能の個体による集団だ。

ここで、個体が「良い性能」を示すかどうかを知るための「ものさし」が必要なことに注意したい。言い換えると、コンピュータが次世代に残す個体を決定するためには、目的（機械学習の言葉では、目的関数という）が必要となる。

たとえば、コンピュータ上でエージェントに迷路を解かせることを考えよう。ここでの目的は、エージェントが迷路の出口に辿り着くことだ。エージェントの性能は、辿り着いた地点と、出口との距離で評価することができる。この評価値に基づいて、コンピュータが集団の中から次世代に残す個体を決める。そして、世代を経るごとに、出口により近い地点まで進めるエージェントが生き残っていく。

　このように、進化アルゴリズムは集団で目的に向かって最適化することができ、そのために設計されている。

　しかし、これだけでは発散的な探索にはなっていない。大域的な最適解に向かって個体の集団が収束するからだ。欲しいのは、多様な最適解を見つけ出す発散的なアルゴリズムだ。

　ここで、発散的な探索のために必要な要素、「目的をもたない」ことが重要となる。

　だが、目的がない探索をコンピュータにさせると、どこにも辿り着かないのではないか？すべての試みは徒労に終わるのではないか？　目的をもたない探索が、目的をもつ探索よりも優れているということはあるのだろうか？

　このような疑問を抱くのはごく自然なことだ。実際、数十年の進化計算の歴史の中で、さまざまに提案されてきたアルゴリズムのすべてに、次世代に残す遺伝子を評価するための目的が設けられている。進化計算において目的を設定することは、当たり前に前提とされてきた。

　進化計算において「目的を設定しない」という常識を覆すアイデアを最初に提案したのが、セントラルフロリダ大学に在籍していたジョエル・リーマン（Joel Lehman）とケン・スタンリー（Ken Stanley）だ。彼らはPicbreederの考案者でもある。Picbreederでつくり出される、最初の絵とは似ても似つかないバラエティ豊かな絵に触発され、目的をもたない探索をコンピュータで実装する方法を見つけ出した。

過去と現在を比べる

「昔着ていた服をまた着られるように体重を5kg減らす」「1年で本を50冊以上読む」「英語を勉強して喋れるようになる」といった決意を、新年の抱負として立てたことはないだろうか。そして冬休みが明け、学校や会社が始まる頃には忘れてしまう。わたし自身のことを振り返っても、新年の抱負を実際に達成したことはない。自分がどうなりたいのか、何を達成したいのかを表明すること自体は、それほど労力を必要としない。

難しいのは、その目的を達成すること、つまり、現在いる地点から目的に至るまでのステップを明確にすることである。体重を60kgから55kgに減らすために必要なステップは何か。運動する、糖質制限する、摂取カロリーを抑える、その方法は世の中に存在するダイエット本の数だけある。常に新しいダイエット本が出続け、売れ続けている事実が、ダイエットを達成することの難しさを物語っている。

目的を設定し、その目的を達成するための方法論を考えるアプローチをとる場合は、ここで、できるだけ明確な目的を立てようという話になるのかもしれない。しかし、リーマンとスタンリーは別のアプローチを考えた。目的を明確にするために労力を費やすのではなく、目的に至るかどうかとは関係なく、期待できそうな、見込みのありそうなステップを特定することに労力を費やそうというアイデアだ。そのために、目的を気にして現在地と目的地を比べるのではなく、現在地と過去を比べる。そして、過去では行っていない「新しい地点」にいるのであれば、それは新たなフロンティアへの足がかりになっていると考えよう、というのだ。新たなフロンティアが何なのかはわからないし、目的に向かっているかどうかもわからないが、それでよしとする。これを「新規性探索（Novelty Search）」と呼ぶ[8]。

目的とはまだ到達していない未来のことである。未来と現在を比べて、本当に目的に近づいているかどうかを知ることは難しい。

一方、すでに起こった過去と現在を比べることはできる。もちろん、過去は未来の目的については何も教えてくれないけれど、過去と比較することで、今が「新しいか」どうかを判断することはできる。新しいものは、さらに新しいものを生み、未来に向かって枝分かれする終わりなき連鎖を生み出す。未来を目的地として考えるのではなく、可能性を秘めた道とみなすのだ。

過去との比較による「新しさ」を軸とした探索は、学術的な研究において最も重要視される要素でもある。グーグルスカラー（Google Scholar）というGoogleが提供する学術論文検索サービスのトップページに「巨人の肩の上に立つ（Stand on the shoulders of giants）」と書かれている。アイザック・ニュートンが科学の進歩について好んで使っていたことで有名な慣用句で、「先人の積み重ねた発見の上に、新しい発見をすること」という意味だ。一人ひとりの研究者（小人）が生み出す知見は小さいかもしれないが、先人たちが積み重ねた知識や発見（巨人）の上に積み上げることで、科学の発展に貢献することができる。常に先人の発見に敬意を払うべし、という戒めの言葉であるとともに、過去と比較し新しさを求めることは、科学にとって重要な要素であることを述べている。

目的は誤ったコンパスになる

　さて、目的にない探索をコンピュータプログラムでアルゴリズムとして実現するためにはどうしたらいいか。アルゴリズムとは、通常は特定の問題を解決するための手順を示したレシピを指すことが多い。数値の列を小さい順や大きい順に並べ替える、たくさんのウェブサイトの中から目的のページを探し出す、画像に含まれる人間の顔を検知するなど、さまざまなアルゴリズムがある。しかし、新しさを追求するような目的のないプロセスもアルゴリズムとして記述できる。

　そこで、特定の目的をもたずに新しさのみを探索するようにコンピュータをプログラムしたらどうなるか、具体的な実験を例にみてみよう。

　実験では、コンピュータ上でのシミュレーション環境で、迷路と、動き回るロボットを用意する。迷路はスタート地点（白色）とゴール地点（灰点）が用意されている。図中に斜線で示された箇所は、行き止まりだ。迷路のスタート地点にロボットを放ち、その行動を進化させる。このような実験は、ゴール地点に辿り着く能力をロボットに学習させることを目的とする、人工知能の機械学習の分野でもよく使われるセットアップだ[fig.6-4]。

　ゴールに辿り着くことを目的としたロボットの探索の場合は、目的に向かっているかどうか毎回の行動を評価し、少しずつ改善していくアプローチをとる。目標に近づいているかどうかは、ロボットが到達した地点と、ゴールとの距離で測る。ロボットは常にスタート位置に戻された状態から試行を重ね、よりゴールに近づいていると評価されたロボットが、世代を超えて集団に残っていく。

目標をもたせたロボットの実験結果は、行き止まりで立ち往生してしまう。ゴールに近づいていると思って進んでいると、実は壁が立ちはだかり、迂回しないとゴールには辿り着けないからだ。この迷路実験では、このような行き止まりが複数用意されている。

現実世界での問題の多くも、目的に向かっていると思っていたけれど、実際は全く目的に近づいていなかったということはよくある。この場合、現在の解がどれだけゴールに近いかを測るだけの収束的な方法では、解決できない。目的をもった探索は、試行を繰り返すたびに目的と現在を比べることで、質の悪い行動から良い行動に向かっていることが確かめられる点に安心感を覚える。しかし、その判断基準が間違っていると結果的にゴールに辿り着くことができない。目的は誤ったコンパスになることがあるのだ。

それはまるで、東京のような複雑で入り組んだ都市で、それこそ迷路のようなパスを通らないと、目的地には辿り着けないことのようなものだ。東京タワーに向かって目の前にある一直

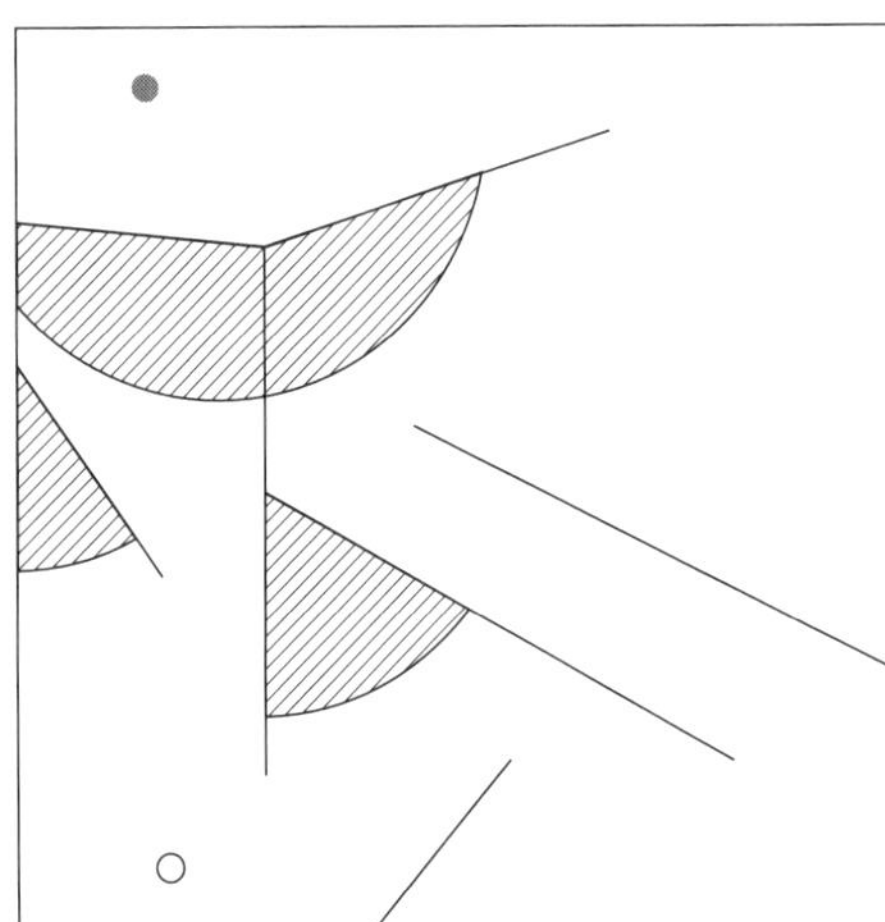

［fig.6-4］迷路を使った実験
J. Lehman and K. O. Stanley, Abandoning Objectives: Evolution through the Search for Novelty Alone, Evolutionary Computation journal, (19):2, pp.189-223, 2011.よりFig.2-(b)を参考に作成

線の道を進んでも、川や建物で行き止まりになってしまう。

単純なものから複雑なものへ

続いて、ゴール地点に辿り着くことを目指すのではなく、目的をもたせず探索してみるとどうなるか。目的はもたせない代わりに、過去にやったことのないことをやってみる、という新しい行動のみを追求する。新規性探索アルゴリズムだ。

次の世代に子孫を残せるかどうかは、ゴールに近づいているかどうかとは関係なく、新しい行動を生み出したかどうかのみにかかっている。ロボットは最初、壁にぶつかってばかりかもしれないが、壁に衝突しても「今までにやったことない行動だからよし」と判断される。

その結果、より新しい行動をしていると評価されたロボットの遺伝子が、世代を超えて集団に残っていく。これを繰り返していくと、不思議なことに、ゴールに辿り着くことができるロボットが進化してくる。ゴールに近づいているかどうかという評価にとらわれることなく、新しい行動をどんどんと試すことで、結果的に行き止まりをうまく回避しゴールに到達するパスを見つけることができているのだ。

新規性探索だとなぜうまくいくのか。単にすべての可能性を試していることと同じではないのか。時間が無限にあり、あらゆる行動を試すことができれば、最終的にはゴールに辿り着ける。新しさを求めた探索はそれと同じことではないか。

しかし、そうではない点がこのアプローチの面白さだ。新規性探索はランダムにすべての解を探索しているわけではなく、単純な行動から複雑な行動へと進化していく。新規性探索は、良い・悪い、という基準はもたないため、過去と比較して新しいかどうかで行動を選択する。そうすると、「悪いものから良いものへ」と変化するのではなく、「単純なものから複雑なものへ」と変化するのだ。過去と比較することで、行動が新しいかどうかをはじめて知ることができる。そのために、過去に行った行動はすべて保存されている。過去の行動が、探索している空間の知識となって蓄積されるのだ。

たとえば、迷路でのロボットの動きをみてみよう。第一世代のロボットは、どんな行動も新規性がある。単純な発明がより複雑な発明への足がかりとなるように、こうした初期の行動は単純なものになることが多い。壁にぶつかってもそのまま前に進もうとして止まってしまう。しかし、あらゆる方法で壁にぶつかり続けると、壁にぶつかるという行動では新規性がなくなる。すると、壁にぶつかるという行動は無視され、それ以上は追求されなくなる。結果として、世代を経

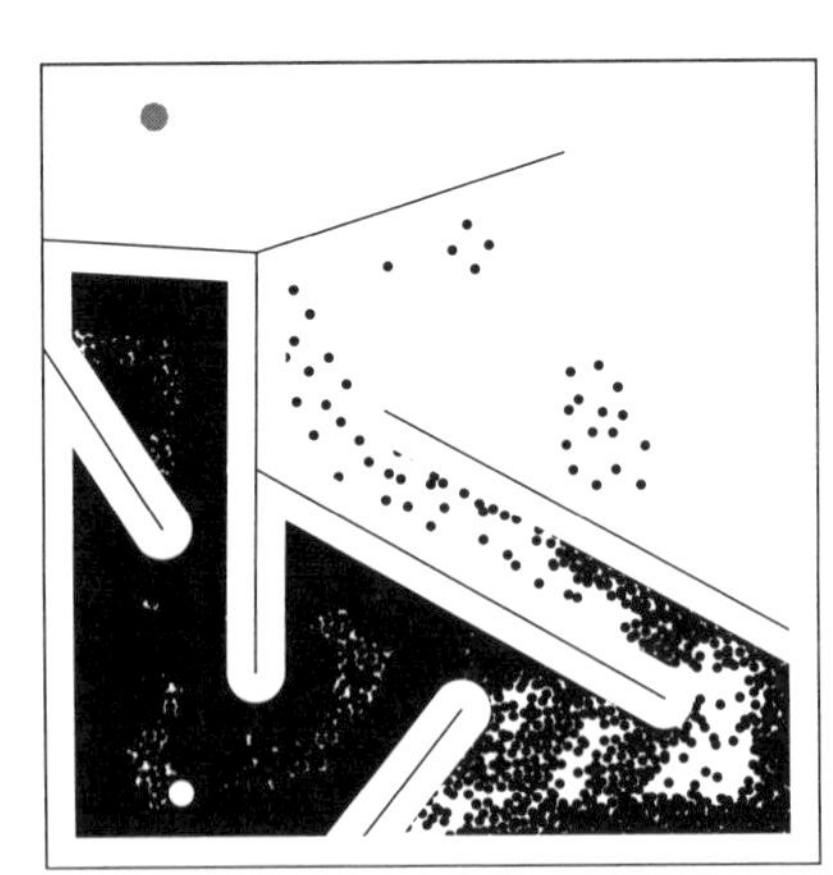
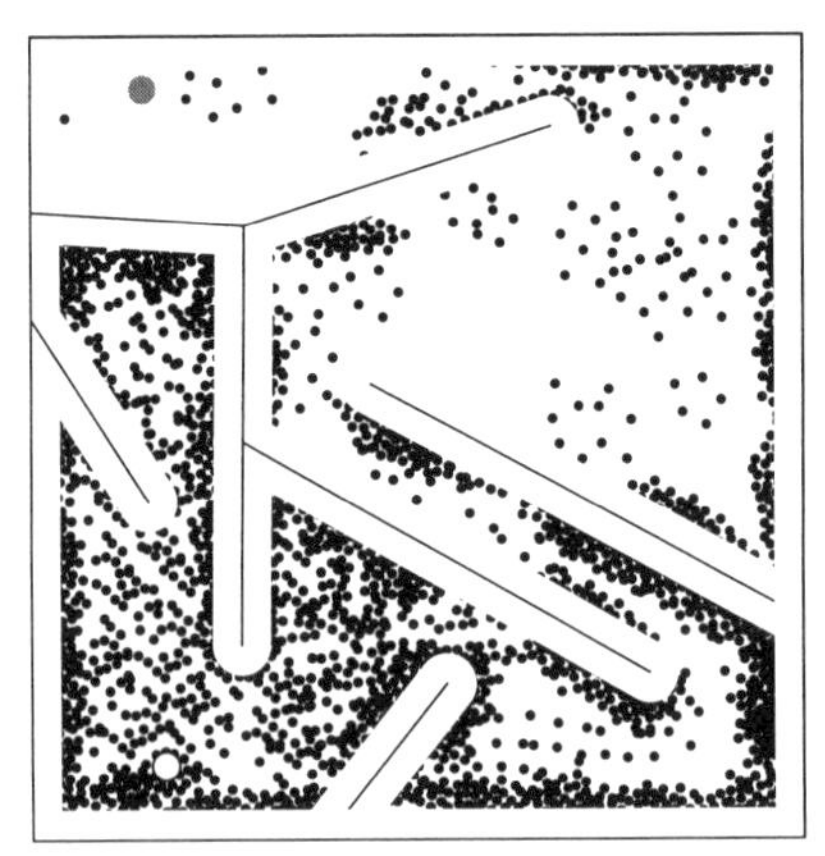

［fig.6-5］目的をもたせた実験結果（左）と、新規性探索の実験結果（右）
J. Lehman and K. O. Stanley, Abandoning Objectives: Evolution through the Search for Novelty Alone, Evolutionary Computation journal, (19):2, pp.189-223, 2011.よりFig.4を参考に作成

ることでぶつからない方法が生まれてくる。その後、より遠くに移動することが新規性を生み出すようになり、ゴール地点に至る行動が発見される[fig.6-5]。

思わぬ行動が目標達成の足がかりに

新規性探索のアルゴリズムで、ゴールを見つけたロボットが辿った経路をみてみると、最初は、狭い範囲をぐるぐる回り、まるで道に迷っているようにみえる。この行動だけみていると、ゴールに辿り着けるとは到底思えない。しかし、この目標に近づいているとは思えない行動が、実は目標への足がかりとなる。

二足歩行ロボットの実験にも、そうした初期の探索がより安定的な動きへの足がかりとなった例をみることができる。

この実験では、二足歩行のロボットを用いてその動きを進化させる。目的主導型の探索では、できるだけ遠くまで歩けるロボットを進化させることが目的として与えられ、遠くまで歩こうとすることに直結するインセンティブが与えられる。一方、新規性探索では、とにかく新しい行動(歩き方)をするとインセンティブが与えられる。そのため、直接遠くまで歩こうとはしない。その結果、進化の初期に生まれた行動は、その場で足踏みするような動きだ。その場で足踏みばかりしている動きは、遠くまで歩くことに一見つながらない行動のようにみえる。しかし、そのうちに新しい行動を求めて結果的に遠くまでいくことになる。そして、初期の頃につくり出した、この足踏みの動きが、安定した歩行をかなえるための足がかりになっていたことがわかる。この安定的な歩行リズムは、目的型探索ではみられず、新規性探索のみで見つかった行動だ。

こうした結果は、目的がいかにわたしたちを惑わせるかについて考えさせられる。結果から新規性探索が必ずうまくいくということがいえるわけではないし、ましてや万能薬でもない。目的はもたず新しいことをする、ただそれだけでうまくいくことがあること自体が面白い。そして、ゴールに辿り着くための明確な目的がわからない場合の、強力な手段になり得る。

しかし、同時に、その強さはその限界でもある。利益を得られないかもしれない行動も含めすべて価値のある行動とみなして探索することは、効率の良い探索ではない。新しさを追求することの有効性を活かしつつ、目標を達成することも追求することはできないのか。

この方法を次にみていこう。それは、ニッチをつくり集団の中でのグローバルな競争をできるだけ避けることだ。

6-3 競争を避け共存する

生態学的ニッチ――多様な生物が共存できる仕組み

地球上には多様な生物が生きている。そして、それぞれの生物が必要とする環境や、環境におけるその種の役割や機能は違う。これは、それぞれの種が安定して生き続けていけるように進化してきた結果得られたものだ。この種の存続に必要な環境と生態的役割のことを「生態学ニッチ（ecological niche）」と呼ぶ。生態学者の今西錦司による「棲み分け」といってもいい[9]。多様な生物が共存しながら生きていけるのは、お互いに競争しない生態学ニッチで存在している、あるいはそのように進化したからである。生物種は、さまざまな生物の相互関係の中で適応して、生態学的ニッチを獲得しやすい特定の形態や習性をもつように進化したのだ。

たとえば、ヤマメとイワナはどちらも河川の上流域に生息する川魚だ。どちらも水温が低く、きれいな水を好み、さらに流れの速い場所を好むため、川幅が狭い上流域に生息している。片方しかいない場合は、上流域全域を占有するが、どちらも生息する場合は、イワナが最上流域を、そしてそのすぐ下流をヤマメが生息するようになる。イワナのほうがやや冷水を好むためだ。同じようなニッチを占める種も好みの違いを活かし、場所を少しずらすことで共存を可能にしている。

形態を変化させることでニッチを獲得することもある。ガラパゴス諸島に生息する小型の鳥「ガラパゴスフィンチ」がいい例だ。丸いくちばし、尖ったくちばし、細長いくちばし、幅広いくちばし。ガラパゴス諸島には多様なくちばしの大きさと形をもったフィンチが生息する。

大陸からガラパゴスにやってきた、もともとは小さなくちばしをもつ祖先種のフィンチが、たまたま棲み着いた島で多様化したのだ。

　乾季と雨季を繰り返すガラパゴスは、生物にとって生きるのに非常に厳しい環境といえる。ところが同時に、この厳しい環境が、急速なフィンチの進化を促している。

　乾季の間には、多くの鳥が死んでしまう。同時に、大きな種子が育ち、大きなくちばしをもったフィンチとその子孫が、小さなくちばしをもつ鳥よりも有利になり、生き延びる。反対に、雨季の時期は豊富な食べ物が手に入るため、くちばしの小さい鳥が有利になる。乾季と雨季が繰り返され、大きなくちばし、小さなくちばしの鳥を親にもった子孫が、それぞれのニッチを獲得して、多様な形態をもつフィンチが共存するに至ったのだ。

競争を避けて多様性を生み出す

　生態学的ニッチの考えを取り入れることで、新規性を追求しつつ、目的も達成するための道筋がみえてくる。

　進化アルゴリズムを使った集団による探索では、どの個体の遺伝子を次世代に残すかを決めるときに、集団全体のグローバルな競争が起こる。そして、その競争に勝った個体のみが次世代に残っていく。このとき、個体のもつ形態や行動の特性は考慮せず、集団全体で競争させ、最も目的に近い最適解に収束していく。

　そこで、生態学的ニッチの考えを取り入れ、各個体が可能な限り高いパフォーマンスを発揮するような、多様性をもった個体を見つけることを考える。つまり、集団をニッチに分け、競争をローカルに限定するのだ。

自然界の生物が自分のニッチでのみ競争していることに倣って、多様性（Diversity）を高めること、品質（Quality）を求めることの両方を追求することができるのではないか。そうして考え出されたのが、「品質多様性（Quality Diversity）」アルゴリズムである[10〜11]。

ニッチごとに異なる目的をもっているわけではなく、個体の「形態」や「行動」によって集団を分けることで、ニッチによる棲み分けをつくる。そうすることによって、同じ目的に向かって解を探索していても、ニッチ内でしか競争が起こらないため、解の多様性が生まれる。

多様性と品質のバランスをとる

品質多様性（Quality Diversity）の具体的な方法をみてみよう。

アルゴリズムはシンプルだ。まず個体の形態や行動によって探索空間――これをマップと呼ぶ――をニッチ（グリッド）に分割する。たとえば、迷路を使った実験では、エージェントが一回の試行で辿り着いた場所によって、探索空間をグリッドに分割する。そうすると、エージェント間の競争は、同じような場所（グリッド）まで辿り着いたもの同士のみの間で起こる。グリッド内のエージェントの性能は、たとえば、その場所に辿り着くまでに辿った経路の距離で評価する。

続いて、最も性能の良い個体をそれらのグリッドごとに探していく。新しいグリッドに辿り着いた場合は、そのエージェントは無条件に生き残る。もし、すでに他のエージェントが辿り着いたことのあるグリッドだった場合は、性能を比較し、より短い距離で辿り着いたエージェント（エリート）だけを残す。そして、エリートエージェントを親として選択し、少し行動を変化させた子エージェントをつくる、このプロセスを繰り返す。

最終的には、到達可能なグリッドごとに良い性能を示す多様なエージェントが見つかる、という仕組みだ。

次の図[fig.6-6]は、ソフトな仮想生物を歩けるように進化させた場合の例を示している。柔らかい素材と硬い素材の組み合わせ方によってグリッドに分割されている。立方体、三角錐、直方体など、同じような性能を示す多様な形態の仮想生物を見つけることができている。

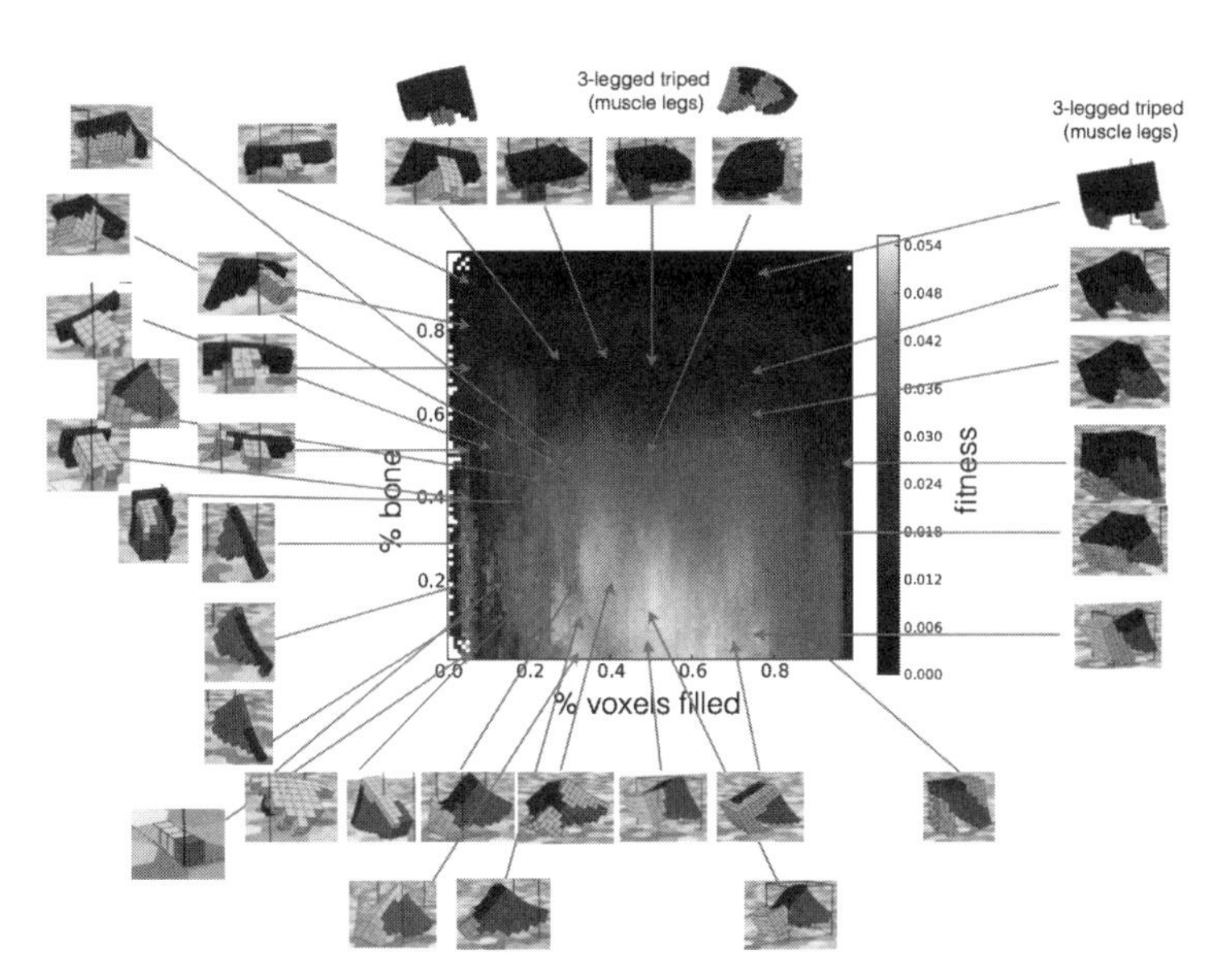

[fig.6-6] ニッチ（グリッド）ごとに見つかった多様な仮想生物の例
Jean-Baptiste Mouret and Jeff Clune. Illuminating Search Spaces by Mapping Elites. arXiv:1504.04909, 2015. よりFig.6を引用

故障しても歩き続けられるロボット

個体の形態や行動ごとにベストな解を見つけることのメリットをみるために、品質多様性アルゴリズムをロボットのシミュレーションに実装した例をみてみよう。

6本の足をもつ昆虫型のロボットを「できるだけ速く歩けるように進化させる」ことを目的として、品質多様性アルゴリズムで進化させる[12]。

ここでは、ロボットの行動――ロボットの6本の足がそれぞれ地面に触れている時間――によって探索空間をグリッドに分割する。まずはランダムな足の使い方をするロボットから始め、進化させていく。親の個体は、グリッド全体からランダムに選び、少し変更を加えて子孫の個体をつくる。まだどの個体も属さない新しい行動をする個体が生まれたら、その個体がグリッドに残る。すでに他の個体がいるグリッドの動きをする個体の場合は、速く歩ける個体のみをそのグリッドに残す。

この手順を繰り返した結果、この実験では最終的に、13000通りの動き方をするロボットを見つけることができた。その中には、6本のうち1本の足を使わず5本の足で歩くロボット、4本の足、3本の足で歩くロボット、逆さまになって歩くロボットなど、グリッドごとに非常に多様な歩く解決策が見つかったのだ。

6本の足を使った速く歩く方法が見つかれば充分ではないか?と思うかもしれない。確かにシミュレーションの世界ではそうかもしれない。一方で、実世界でロボットを動かす場合は故障がつきものだ。原発事故現場のような、すぐに修理ができない環境でロボットを動かしているとき、故障していないパーツで何とか歩く方法を自力で見つけられる、故障に強いロボットは必須だ。

このアルゴリズムの開発者によるロボット実験ではその例が示されている。1本の足が故障しても歩く方法にアクセスし、トライアンドエラーを繰り返すことで、40秒程度で歩ける方法をロボットが自力で獲得するのだ。

偶然を呼び寄せる

生態学的ニッチの考えを取り入れ、競争をローカルな空間に限ることで多様な解を見つけるアルゴリズム。このアルゴリズムがなぜうまくいくのか。Picbreederの画像生成アルゴリズムを使って、最初の丸や線が描かれたシンプル画像から、「骸骨のような顔」に進化させられるかの実験を例に考えよう[13]。

系統樹を辿り、最初の画像を入力、最後の画像——骸骨のような顔——をターゲット画像とし、ふたつの画像の近さをピクセル間の距離で計算する。目的は、よりターゲットに近い画像を生成することだ。

まず、古典的な進化アルゴリズムを使って、よりターゲットに近い画像を生成している個体を次の世代に残す探索の結果をみてみよう[fig.6-7]。150の個体を使い、3万世代進化させても、全く似ている画像が生成できない。ちなみに、Picbreederで人間が「骸骨のような顔」

に進化させるのに関わった人数は、15人、世代数は74だ[fig.6-8]。人間の操作の過程でつくられた途中の絵を見ると、最終的な絵と全く似ていない。目的に近づいているかという観点からは、これらの途中の絵は、進歩していないという評価になるだろう。誤った目的の良い例だ。

続いて、品質多様性アルゴリズムを使った実験だ。画像を生成するニューラルネットワークの複雑度と画像の新しさで、探索空間をグリッドに分割している。グリッドの中での個体の評価には、古典的な進化アルゴリズムと同じ、ターゲット画像との距離を使っている。結果は、ターゲット画像と似たさまざまな画像をつくり出すことができた。系統樹をみてみると、最終的な絵に辿り着くまでに、ターゲット画像と近くなったり遠くなったりを繰り返している。目的に向かってずっと山を登り続けるような探索ではなく、性能の悪いように見える解が、予想外のジャンプ台となっているのだ[fig.6-9]。

これら一連の実験からみえてくることは、目的には近づいていないようにみえる解を残すことの重要さだ。ひとつの優れた解だけではなく、たくさんのユニークな解をつくる。それを「踏み台」にすることで、はじめて本来目指している解に辿り着くことができる。

アルゴリズムを実行し終えたマップから、その解はどこからきたのか――親は誰か――を辿ることができる。その軌跡をみると、近くのグリッドからくることもあれば、遠くのグリッドから思いもよらない経路を経て辿り着いて

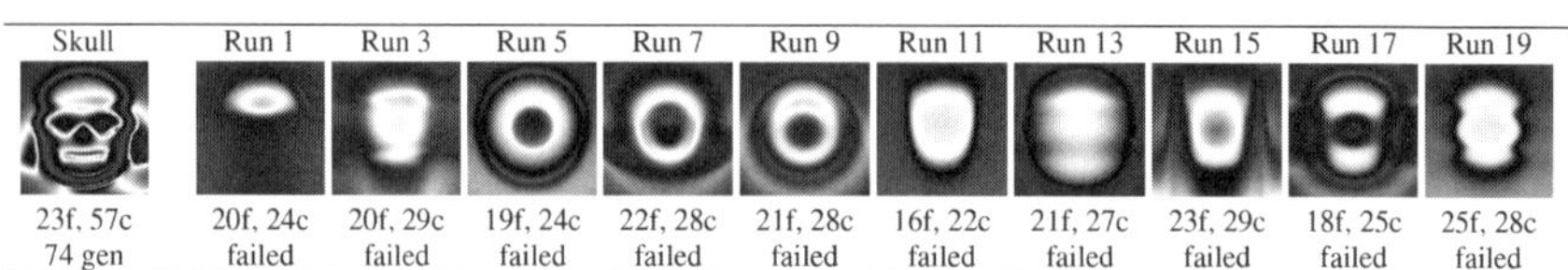

[fig.6-7]「骸骨のような顔」を目的として進化させた結果
Brian G. Woolley, Kenneth O. Stanley,On the deleterious effects of a priori objectives on evolution and representation, GECCO, pp.957-964, 2011.よりFig.5を引用

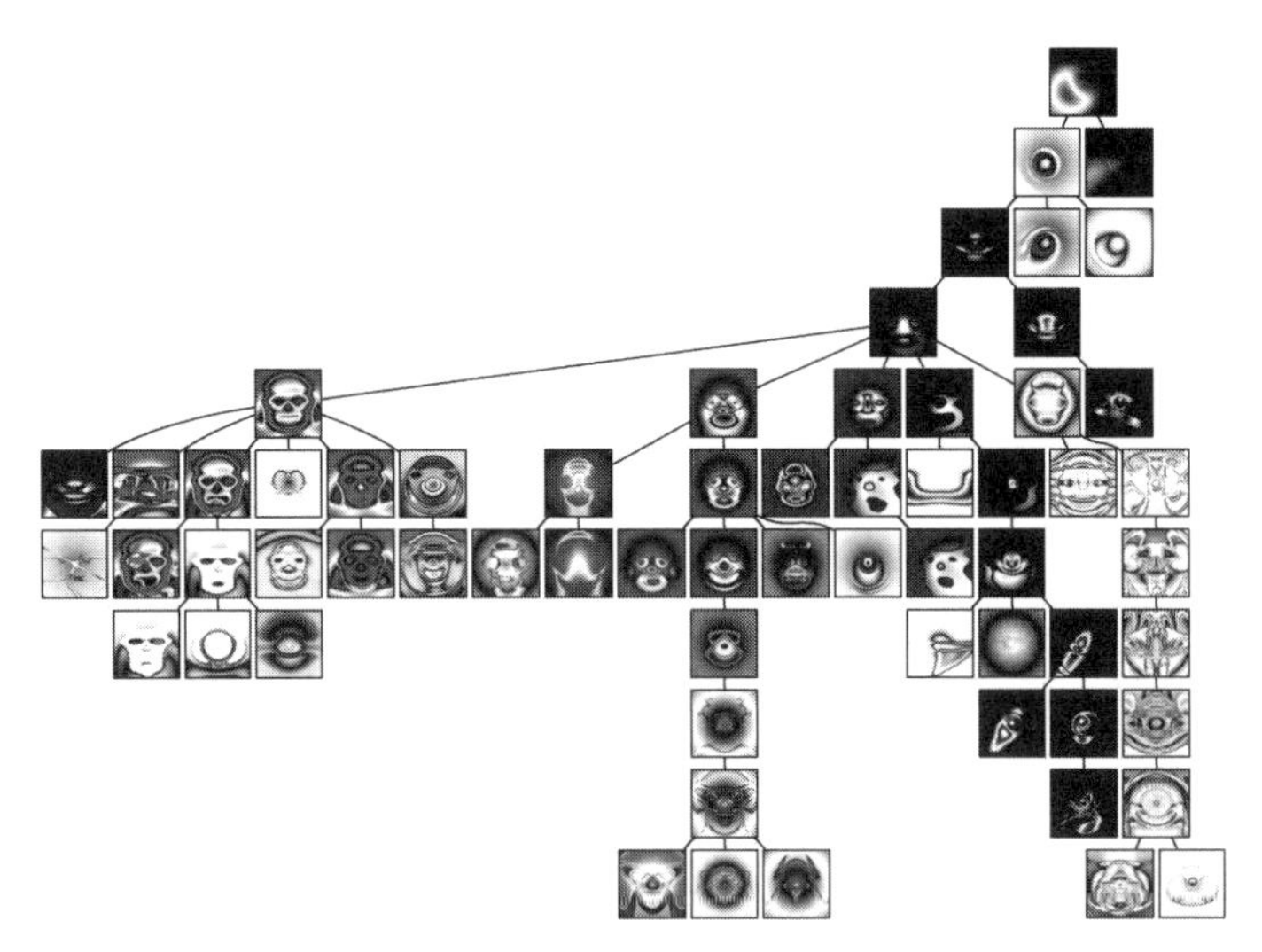

[fig.6-8] Picbreederにおける「骸骨のような顔」の進化系統樹
Jimmy Secretan et al., Picbreeder: Evolving Pictures Collaboratively Online, CHI, pp.1759–1768, 2008.より Fig.11を引用

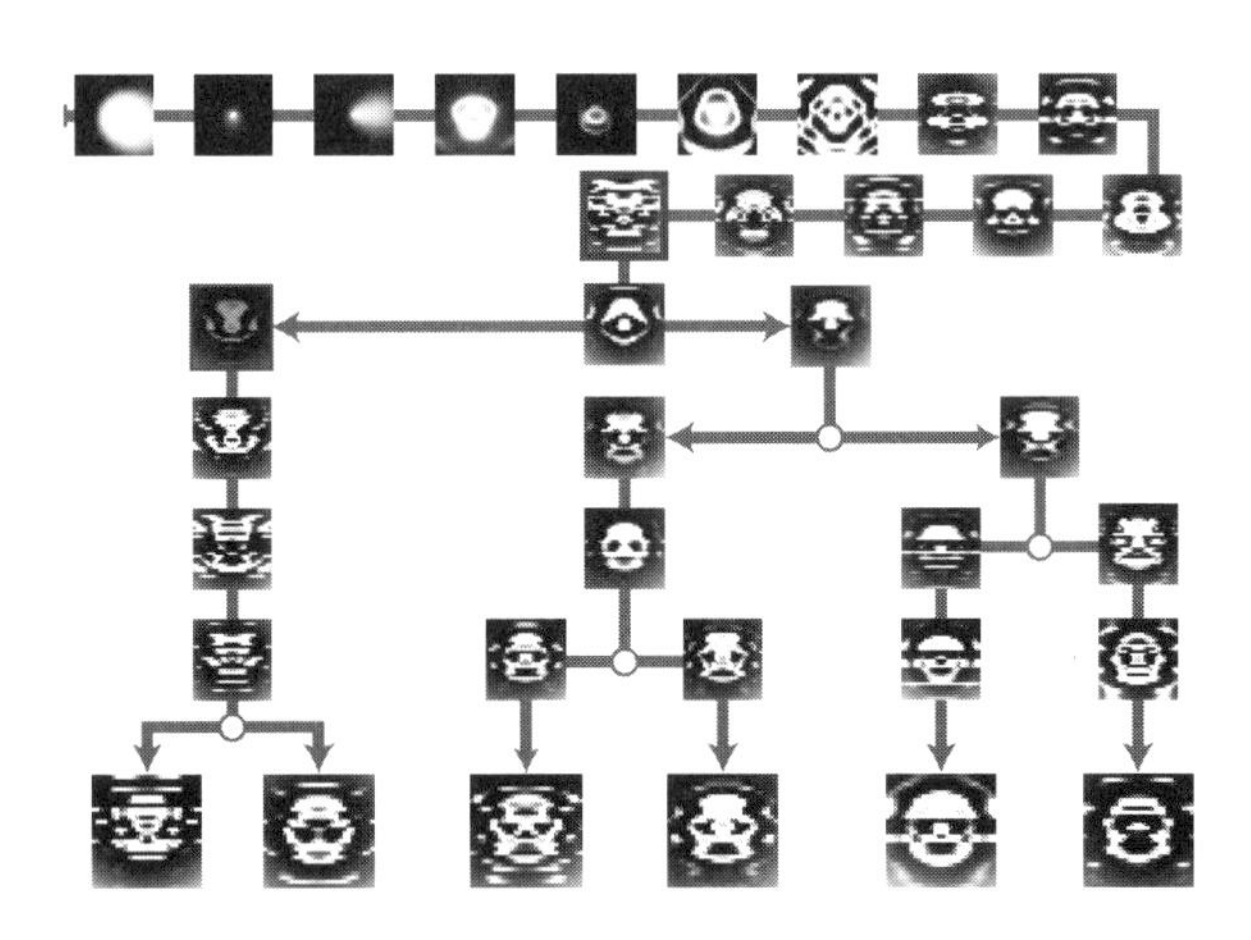

[fig.6-9] 品質多様性アルゴリズムによる進化系統樹
Adam Gaier et al., Are Quality Diversity Algorithms Better at Generating Stepping Stones than Objective-based Search?, GECCO, pp.115-116, 2019.よりポスター画像を引用

いることもある。マップの真ん中にあるグリッドの解が、端っこにあるグリッドに対して、突然、とても良い「踏み台」になるようなことがあるのだ。つまり、ある問題を解決するには、全く別の問題を解決する必要があったということだ。

たくさんのユニークな解を揃え、踏み台としてうまく使う――品質多様性アルゴリズムがうまくいく理由がそこにある。

「数学を勉強して、プログラミングを勉強すれば良い研究者になれるかもしれない」、「でも、同時に文学や哲学、あるいは生物や物理も学んだほうがいいかもしれないな」、とさまざまなことを考えるのと似ている。ひとりの人間がたくさんのことを同時並行で試すことは大変だが、このアルゴリズムは、この探索を自動で行い、しかも同時に並行して探索を続けることができるのだ。

イノベーションは一直線には進まない

目的に辿り着くためのパスは出発時点ではわからない、あるいは目的を設定することが本当にゴールにつながるのかという話は、ビジネスのイノベーションにも通じる。

たとえば、ロドニー・ブルックスがその当時のMIT人工知能研究室の学生と立ち上げ、後にルンバを開発したiRobot社は、お掃除ロボットをつくろうと思って設立されたわけではなかった。研究室で開発していたロボット開発技術を使って社会に役立つようなものをつくりたいというモチベーションで始めたものだ。ところが会社を立ち上げた途端、とにかく生き残る、つまり潰れないことが第一の関心事になった。そして、ロボットをつくるという事業を通して、会社として生き残っていくために、複数の分野でさまざまなプロジェクトに携わったことが結果として、ルンバの開発につながった。その中のひとつが、非常に大規模な商業用クリーニングロボットをつくるという案件である。このプロジェクトを通じて、まずは掃除をする、きれいにするというノウハウを得た。またあるプロジェクトでは、地雷を検知し除去するロボットをつくって欲しいという要望を政府から受けた。そこで、与えられた範囲をくまなく訪れ地雷を検知するという技術を習得した。これは、床全体を完全にカバーするというノウハウにつながった。また、玩具の会社とのプロジェクトを通じて、低コストで大量にロボットをつくるノウハウを得た。

こうした複数のプロジェクトをこなす日々を送っていたら、ある日、従業員の一人が、「掃除をするロボットができる技術が全部揃っていますよ」と言い出し、「あっ、確かにそうだ」と気づいてルンバの開発につながっていった[14]。お掃除ロボットをつくるノウハウをいつの間にか獲得していたのだ。1990年に会社が立ち上がっているが、第一号のルンバが開発されたのは、それから12年後の2002年になってからだ。このエピソードにも表れているように、イノベーションにつながるステップというのは、特にそれが野心的であればあるほど、その出発地点では何が有効な手段になるかはわからない場合がほとんどだ。

もし、1990年の会社立ち上げの時点で、お掃除をするロボットの開発を目的に置いていたとすると、どのようなロボットの形になっていただろうか。ブルックスは、1986年に研究室でお掃除ロボットを開発している。Herbertと呼ばれる、空き缶のゴミを捨てるロボットだ。図［fig.6-10］のような形をしていて、カメラを搭載し、胴体についたアームで空き缶のゴミを拾うようにつくられている。Herbertを出発点として、掃除をするという目的に向かってつくっていったら、ひょっとしたらルンバのような製品は生まれていなかったかもしれない。

科学やイノベーションの歴史を振り返ってみると、野心的な目標に向かって一直線に進むということはほとんどない。目標に向かう過程で偶然生まれた発明や発見が、目的達成の足がかりとなる。品質多様性は、アルゴリズムの中にそうしたセレンディピティを取り込むことに成功している。無数の可能性を秘めた解決策の中から、これまでの古典的な進化アルゴリズムでは選ばれることはなかったかもしれない、一見、回りくどいパスを経ることが、良い解につながるのだ。

出発点：空き缶を拾うロボット
Herbert(1986)

→

目的：掃除をするロボットの開発

［fig.6-10］目的は誤ったコンパスになることがある

http://cyberneticzoo.com/tag/rodney-brooks/, https://www.excite.co.jp/news/article/EpochTimes_49312/より画像を引用して作成

さて、高品質で多様な解を見つけ出す品質多様性アルゴリズムだが、環境そのものをアルゴリズムが自らつくり出すことはない。与えられた迷路を解く、与えられた環境でより速く動ける仮想生物を見つける、問題を解く環境は変わらない。オープンエンドな進化に近づけるためには、新しい環境も自らつくり出せる必要があるはずだ。そこで次に、新しい環境を自らつくり、同時に解決策も見つけ出すアルゴリズムについてみていこう。

6-4 環境の変化が進化を促す

脳と環境の共進化

ここまで、終わりなき進化を実現するための発散的な探索の実現方法をみてきた。しかし、自然の進化のような、本当にオープンエンドなアルゴリズムの実現にはまだ足りない。新規性探索も品質多様性も、与えられている環境で可能な行動が尽きてくると、新しいことを生み出すことへの圧力が弱まり、探索が制限されてしまう。

地球がオープンエンドであるといわれる理由は、人間の文化にしても、生物にしても、あらゆる場面で、新しいことをする機会が与えられるからだ。常に何か新しいことが起こっている環境があるからこそ、解決策を新たに模索できる。これまでのアプローチで足りないのは、新しい環境をつくり出す能力だ。新しい環境を自らつくり、同時に解決策も見つけ出す。

どうしたらこの継続的なプロセスをアルゴリズムで実現できるだろうか。

ここでも、脳と身体を同時に進化させるところでみた「共進化」がヒントになる。ただし、ここでは脳と環境との共進化だ。

たとえば、キリンは頭頂が6メートルにも達する長い首をもっている。キリンの祖先にあたる種の化石の首は短いこと、そしてキリンと同じ祖先をもつ近縁種であるオカピの首も短いことから、キリンの首は進化過程で伸びていったと考えられている[15]。

なぜキリンの首が長くなったかについては、高いものでは20メートルにも達する大きなアカシアの葉を餌として独占的に摂取できるから、あるいは首の長いオスのほうがメスをめぐる戦いに勝ってきたから、と諸説ある。いずれの説も、アカシアが高くならなかったら、ライバルがいなかったら、キリンの首が伸びるというチャンスは生まれなかったかもしれない。キリンを取り巻く環境の進化が、キリンの首が伸びるというチャンスを結果的に生み出したのだ。同時に、アカシアも枝葉を食べられないように、背を高くしたり、苦味の成分を出したりと防御のために進化する。進化しているものは、他のものが進化する機会をつくり出す。オープンエンドな進化を実現するためには、この継続的な共進化のプロセスが必要となる。

この環境との共進化メカニズムを取り入れたアルゴリズムが、ＰＯＥＴだ[16]。具体的な実験を通して、アルゴリズムをみていこう。ここではロボットの身体は変えずに、その動き方を制御する脳にあたるニューラルネットワークと、環境を共進化させていく。

実験の目的は、スーパーマリオブラザーズのようなゲーム環境で、二本足のロボットを歩かせることだ。ロボットは、障害物や落とし穴を避け、前に一歩進むごとにポイントが与えられ、転んだり、穴に落ちたりするとマイナス１００ポイントのペナルティを受ける。ロボットは、障害物や地形を認識するためのセンサー、足を動かすためのモーターを制御し、いろいろな歩き方をすることができる。ロボットの目標は、制限時間内にできるだけ高いポイントを得ることだ。ロボットの動きを制御するのは、脳に相当するニューラルネットワークだ。ロボットの形態は変化しない。ゲーム環境は変更でき、さまざまな障害物コースをつくることができる。

さて、ゲーム環境とルールの説明が終わったところで、具体的なロボットの動きと環境を共進化させるアルゴリズムをみていこう。基本的なアイデアは、たくさんのロボットと環境を用意してあげて、ロボットをいろいろな環境で進化させたり、新しい環境を追加したりすることで、環境とロボットの両方を共進化させようというものだ。品質多様性のアルゴリズムでも見たように、目的に達するための足がかりはわからないことが多い。そこで、POETアルゴリズムでは、「新しい環境で試す」、「新しい環境の生成」というふたつの方法で、目的につながるパスを見つけようとする。

新しい環境で試す

ビジネスの世界でも、すでにある商品を別の環境に持っていってどのように受け入れられるか、あるいは使われるかを観察することは、顧客の層を広げることにつながることが多い。たとえば、家庭用エンターテインメントロボットとしてソニーが開発した「aibo（アイボ）」は、小児医療現場で使ってみたところ、長期療養中の子どもに癒し効果を与えることがわかり、医療方面での展開が行われている[17]。

他にも、国外で年間一億枚以上を売り上げている「熱さまシート」は、発熱時に使うというコンセプトで日本では売り出されている。これをマレーシアで販売してみたところ、寝苦しい夜や渋滞中に使われるようになり、ヨーロッパへ持っていったら、偏頭痛を和らげるために使われるようになるなど、異なる環境に置くことが新たな用途の開拓につながっている[18]。新しい環境で生まれる振る舞いを観察することは、発散的な思考法であり、それゆえ、多様な解決策を生み出す可能性をもっているのだ。

ビジネスだけでなく、スポーツの世界でも、複数のスポーツをするクロストレーニングというトレーニング方法が、アスリートのパフォーマンス向上につながるとして取り入れられている。あえて専門とは異なる動きを行うことが、普段行っているトレーニングで欠けている部分を補い、身体能力の向上と怪我の予防につながるからだ。水泳、自転車、長距離走の3種目をひとりのアスリートが連続して行うトライアスロンのように、競技そのものにクロストレーニングの要素が入っているものもある。クロストレーングによって総合的に身体を鍛えることで、アイアンマンレースという世界一過酷なレースを制覇できる要因になっているのだろう。

ロボットを進化させるときにも同じように有効であるはずである。POETでは、ある環境で進化させたロボットを別の環境に「転送」し、さらに進化させる。ある環境の中で得られたスキルが、別の環境でのパフォーマンスを向上させるための足がかりになるかもしれないからだ。POETでのロボットの他の環境への転送は、要するに、アスリートのクロストレーニングなのだ。

転送による異なる環境でのクロストレーニング効果は絶大だ。POETの開発者である研究者のオウ・ルイ（Rui Wang）らの報告によると、約50%の転送が、それまでに見つかっているベストな得点よりも、高得点を得るロボットへの進化につながる。

転送の効果を、実際にPOETがつくり出した、低い姿勢から高い姿勢で歩くようになったロボットの例でみてみよう。

まず、平らな環境で歩くようにロボットを進化させた。このときロボットは低い姿勢で歩くように進化している。次に、平らな環境を親として、小石のような障害物が置かれた環境がつくられ、低い姿勢で歩くロボットをさらに進化させる。最初は、姿勢が低いため頻繁に小石に躓いているが、やがて高い姿勢でつまずきにくいように進化し、小石の置かれた環境でもうまく前に進めるように進化するロボットとなった。このロボットが親環境に転送されるとどうなるか。低い姿勢から高い姿勢で歩くという方法を獲得したロボットは、親環境である平らな地面で、歩き方を最適化し続け、最終的には摩擦が少なく、より少ないエネルギーコストで速く歩ける、さらに高い姿勢を獲得した[fig.6-11]。

新しい環境の生成

続いて、新しい環境の生成により、新たな目的をロボットに与える。このとき、現在のロボットにとって、難しすぎず簡単すぎない環境になるように調整する。ゲームでいえば、落とし穴やブロックの他に、急な斜面やぼこぼこした地形、階段といった障害物が生成される。平坦な地形のみを歩けるように進化したばかりのロボットに、大きな落とし穴や、急な階段のある環境を与えても、転倒ばかりしてしまう。こうした状態を避けるため、ゲームの難易度を調整する。トライアスロン初心者がアイアンマンになるには、レベルにあったトレーニングが必要なのだ。

新しい環境が生成され、集団に追加されると、一番古い環境を捨てることによって、環境とロボットの複数のペアを常に一定数保つようにする。集団は、難易度の異なるさまざまな環境をもつことになり、その間でロボットを転送することで、ひとつのロボットが異なる環境で進化する機会を与えられる。転送の効果が50%というという結果にも現れているように、ひとつの環境でロボットが得たスキルは、別の環境で役に立つ可能性は常にある。同時にそれは、ある環境におけるトップパフォーマーであっても、より良い結果を出すためには、別の環境が必要だったという事実を反映している。

難しい課題は直接解決できない

「新しい環境に転送する」「新しい環境をつくる」、このふたつの仕組みを使って、POETアルゴリズムは、単純な課題からスタートして、他の課題で見つかった解決策の恩恵を受けながら、どんどん複雑な課題を解決できるようになる。実際、POETで進化させた環境を、古典的な進化アルゴリズムでゼロから最適化しようとすると、ゲーム開始から早々に止まってしまうようになることが多い。ロボットは前に進むことを学ぶが、同時に、幅が広い落とし穴など突破が難しい障害物の前で止まることを学んでしまい、転倒によるマイナス100ポイントのペナルティを避けるのだ。原理的には障害物を乗り越えられるはずなのだが、古典的な進化アルゴリズムでは、代わりに動かないことでポイントが減らないように進化が収束してしまう。高いポイントは得られないが、挑戦してマイナスポイントを得るよりは、現状維持することを選んでしまうのだ[fig.6-12]。

[fig.6-11] 平らな環境で低い姿勢で歩くように進化したロボット(a) 小石の障害物が置かれた環境で高い姿勢で歩くように進化したロボット(b) 平らな環境に戻り、さらに高い姿勢で歩くように進化したロボット(c)
https://eng.uber.com/poet-open-ended-deep-learning/よりGIF画像をキャプチャして引用

たとえば、上段の図は、ロボットが広い幅の落とし穴を飛び越えるのを避けるために停止することを選んでいる様子だ。ロボットは、片足をゆっくりと出して落とし穴の底に片足をつけ、ゲームの制限時間に達するまで、それ以上動くことなくバランスを維持する。さらに動いて転倒するとマイナス100ポイントになるため、開始してからほとんど歩いておらず、わずかなポイントを維持しようという戦略を学習する。それに対して、POETは、足を高く上げて落とし穴を乗り越えて進んでいくための賢い行動を進化させることができている（下段の図）。

チャレンジングな目的を解決するための足がかりは、困難な環境で直接最適化を試みるよりも、発散的で開放的なプロセスによって見つけられる可能性が高いことがここでもみえてくる。解決への道となる足がかりが、いつ、どこで発生するのか、それを予測することはほとんどの場合難しい。そのため、いろいろな環境での解決方法を共有するアプ

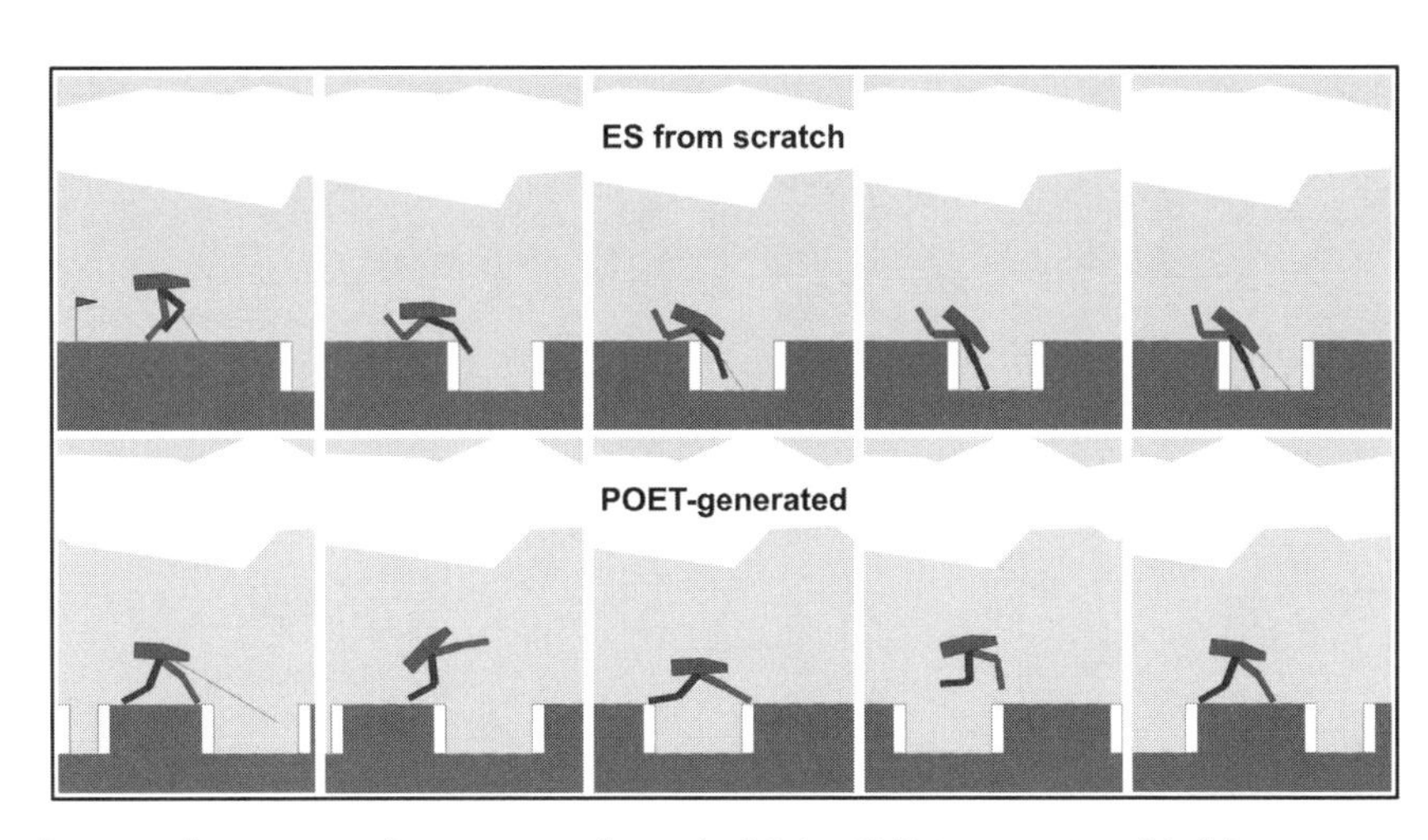

［fig.6-12］ポイントが減らないように落とし穴で止まる選択をするロボット（上段）と、POETで落とし穴を乗り越えるように進化したロボット（下段）
Rui Wang et al., Paired Open-Ended Trailblazer (POET): Endlessly Generating Increasingly Complex and Diverse Learning Environments and Their Solutions, GECCO, pp.142-151, 2019. よりFig.2を引用

ローチがとても有効になるのだ。環境をも自動的につくり出すPOETのアプローチは、オープンエンドなアルゴリズムの実現に向けた有効な手立てのひとつだ。

オープンエンドな進化アルゴリズムの実現に向けて

終わりなき進化をアルゴリズムで実現する。そのためにいくつかの試みをみてきた。しかし、まだ本当にオープンエンドなアルゴリズムとはなっていない。フロンティアを押し広げ、次の発見への踏み台となるかもしれない取り得るステップはたくさんある。

たとえば、POETの研究では、エージェントの形態——身体性——が固定されている。そのため、乗り越えられる障害の種類——たとえば、どれくらいの大きさの落とし穴を飛び越えられるか——が、身体によって制限されてしまっている。どのような身体をもたせるかは、与えられたタスクを達成するための非常に重要な要素だ。脳とともにエージェントの身体を共進化させることができれば、さらに幅広い多様性をもった解が得られるはずだ。

また、本章でみてきた3つのアルゴリズム——新規性探索、品質多様性、POET——のどれにも考慮されていないのが、個体間の相互作用だ。ひとつの個体のみの進化しか扱われていない。Ch.3やCh.4でみたように、個体間の相互作用は、創発現象や集団としての進化をつくり出す。複数のエージェントを環境に放ち、相互作用させる仕組みをアルゴリズムに組み込むのだ。

これらすべての要素を入れ込んだアルゴリズムをつくることができれば、ひょっとしたら、終わりなき進化を続けるオープンエンドなアルゴリズムができるかもしれない。しかし、そのために超えなければいけない壁がある。それは計算量の多さだ。考慮しなければいけない要素が増えると、それだけ、試さないといけない組み合わせが増え、計算量も膨大に増えてしまう。身体、環境、それらの相互作用、すべてを考慮しつつ、局所的な解に陥ることなく発散的な探索を続けるための方法を、効率良く見つける方法を、見つける必要がある。そうでないと、人工知能の進歩が膨大な計算量で頭打ちになっているように、オープンエンドな進化の実現に向けての取り組みも、同じ課題に直面することになるかもしれない。

一方で、良いニュースもある。これまで人工生命の研究に取り組もうとすると、開発に必要な環境を一から自分で用意しないといけないことが多かった。それが大きく変わりつつある。たとえば、複数のエージェントの相互作用を大規模にシミュレーションできるプラットフォーム「Neural MMO[19]」[fig.6-13]や、ソフトな仮想生物を開発しテストするためのベンチマーク「Evolution Gym[20]」[fig.6-14]がオープンソースで開発され、誰でも使えるように公開されている。開発環境が整備されこの分野に人が参入しやすくなることで大きく技術が進展する可能性がある。

多くの人がこの分野に参入し、「オープンエンドな進化」が人工知能の「汎用人工知能」の実現と同じくらい重要なグランドチャレンジであると認識されれば、その実現は一気に現実味を帯びるかもしれない。

本章では、人工生命の研究から得られた知見を取り込んだオープンエンドな進化に向けたアルゴリズムを紹介してきたが、その実現にはまだ至っていない。しかし、Ch.1で述べたように、オープンエンドな進化をプログラムで実現できないはずはない。その実現を阻んでいたのは、ひとつの最適解を求める「収束的」なアルゴリズムというパラダイムだ。

「何を目的とするべきか」は人間が決めて与える必要があった。しかし、地球上の多様な生命を生み出し続けている自然進化のようなプロセスの背後には、目的はない。オープンエンドな進化をつくり出すためには、目的をもたずとも進化を続ける仕組みが必要となる。新規性探索、品質多様性、POETにみる「発散的」なパラダイムに基づくアルゴリズムは、「何を目的とするべきか」を人間が決めるのではなく、コンピュータが自動的に獲得することができるという可能性を示している。身体と環境、あるいは個体間の相互作用や

[fig.6-13] 大規模なマルチエージェントシミュレーション開発環境
David Ha, Yujin Tang, Collective Intelligence for Deep Learning- A Survey of Recent Developments, arXiv preprint arXiv:2111.14377, 2021. よりFig.9を引用

共進化を通じて、次々と新たな課題を生み出し、同時に解決策も見つけていくという、オープンエンドな進化の難関に、ひとつの道筋が示され始めている。

さて、オープンエンドな進化を目指す人工生命の発展は、人工知能の発展にも影響を及ぼしてきている。人工生命と人工知能は相補的な関係にあり、お互いに補完的に組み合わせることでそれぞれの技術発展が進んでいることを最後の章でみていこう。

参考文献

[1] ジェームズ・スロウィッキー 著/小高尚子 訳『「みんなの意見」は案外正しい』(角川文庫、2009年)

[2] Ranking the Top 100 Websites in the World https://www.visualcapitalist.com/ranking-the-top-100-websites-in-the-world/

[3] Walter Frick, Wikipedia Is More Biased Than Britannica, but Don't Blame the Crowd, Harvard Business Review, 2014. https://hbr.org/2014/12/wikipedia-is-more-biased-than-britannica-but-dont-blame-the-crowd

[4] Pierre Lévy, Collective Intelligence, Basic Books; Revised version, 1999.

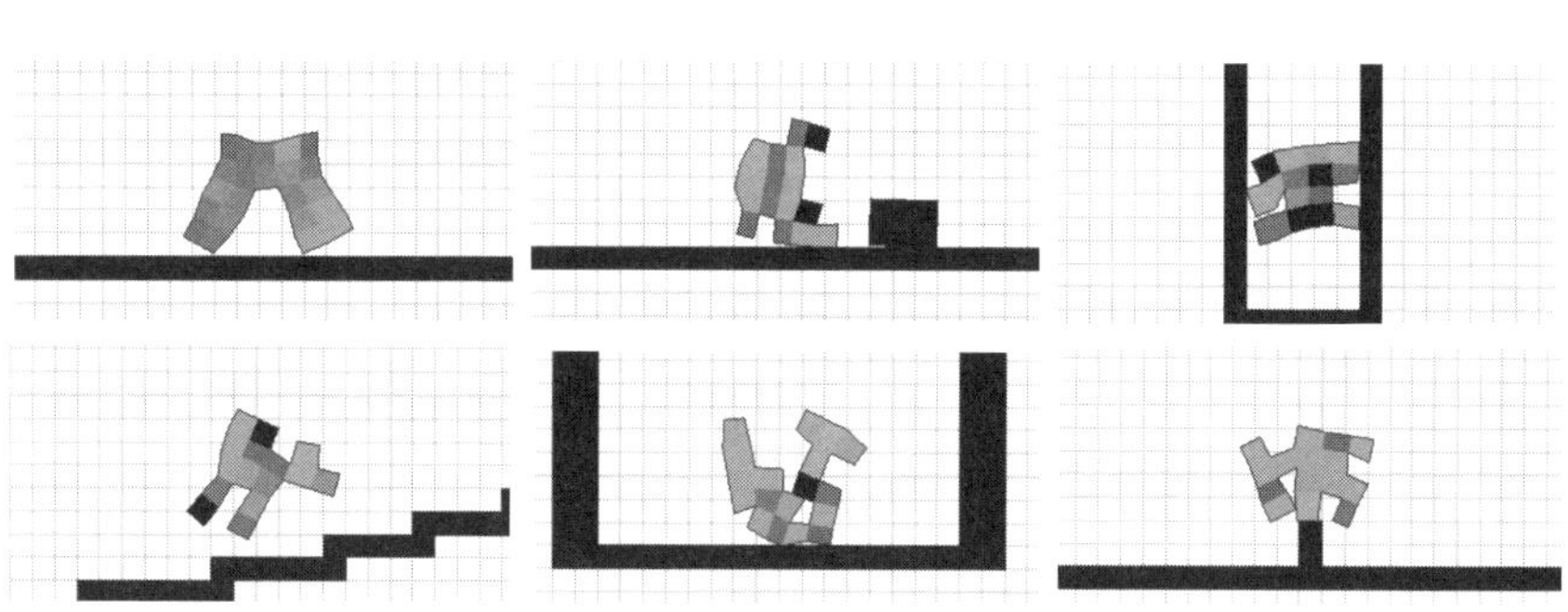

[fig.6-14] ソフトな仮想生物の評価ベンチマークプラットフォームより「歩く(a)」「オブジェクトを操作する(b)」「登る(c)」「移動する(d)」「形を変える(e)」「バランスをとる(f)」
https://evolutiongym.github.io/よりデモ動画をキャプチャして引用

[5] Jimmy Secretan 1, Nicholas Beato, David B D'Ambrosio, Adelein Rodriguez, Adam Campbell, Jeremiah T Folsom-Kovarik, Kenneth O Stanley, Picbreeder: a case study in collaborative evolutionary exploration of design space, Evol Comput,19(3):373-403, 2011.

[6] Richard Dawkins, The Blind Watchmaker: Why the Evidence of Evolution Reveals a Universe Without Design, W W Norton & Co Inc, 1996.

[7] Neurogram by David Ha https://otoro.net/neurogram/

[8] Joel Lehman, Kenneth O. Stanley, Abandoning Objectives: Evolution Through the Search for Novelty Alone, Evolutionary Computation, 19(2):189–223, 2011.

[9] 今西錦司 著『生物社会の論理』（平凡社、１９９４年）

[10] Joel Lehman and Kenneth O Stanley. Evolving a diversity of virtual creatures through novelty search and local competition. In proceedings of the 13th annual conference on Genetic and evolutionary computation, pp. 211–218, 2011.

[11] Jean-Baptiste Mouret and Jeff Clune. Illuminating search spaces by mapping elites. arXiv preprint arXiv:1504.04909, 2015.

[12] Antoine Cully, Jeff Clune, Danesh Tarapore & Jean-Baptiste Mouret, Robots that can adapt like animals, Nature, 521:503-507, 2015.

[13] Adam Gaier et al., Are Quality Diversity Algorithms Better at Generating Stepping Stones than Objective-based Search?, In proceedings of the Genetic and Evolutionary Computation Conference Companion(GECCO '19), pp.115–116, 2019.

[14] 【ヒットの予感（１／３）】「なぜルンバは成功したのか？」アイロボットCEO コリン・アングル https://www.goodspress.jp/columns/15938/

[15] Morris Agaba et al., Giraffe genome sequence reveals clues to its unique morphology and physiology, nature communications, 7(11519), 2016.

[16] Rui Wang, Joel Lehman, Jeff Clune, Kenneth O. Stanley, Paired Open-Ended Trailblazer (POET): Endlessly

Generating Increasingly Complex and Diverse Learning Environments and Their Solutions, arXiv preprint arXiv:1901.01753, 2019.

[17] エンタテインメントロボットａｉｂｏ（アイボ）による介在療法が 慢性疾患を有する小児に与える癒し効果の検証を開始 https://www.ncchd.go.jp/press/2018/20181129.html

[18] 海外に広がる小林製薬の「熱さまシート」―成功の裏に何が起きていた？ https://www.itmedia.co.jp/makoto/articles/1412/17/news010.html

[19] Joseph Suarez, Yilun Du, Phillip Isola, Igor Mordatch, The Neural MMO Platform for Massively Multiagent Research, arXiv preprint arXiv:2110.07594, 2021.

[20] Jagdeep Bhatia, Holly Jackson, Yunsheng Tian, Jie Xu, Wojciech Matusik, Evolution Gym: A Large-Scale Benchmark for Evolving Soft Robots, arXiv preprint arXiv:2201.09863, 2021. https://evolutiongym.github.io/

Chapter 7

より生命的なAIへ

7-1 人工知能から人工生命へ

人工生命と人工知能の融合

さて、本書も最後の章となった。ここまで読んでくれたあなたには、人工生命の世界観は伝わっただろうか。

「ありうる生命」をつくり出すことによって生命を理解しようとする研究分野であること。生命の抽象的なモデルから、自己複製のような生命の複雑な基本機能をつくり出し、その原理を明らかにしてきたこと。身体と環境の相互作用を進化的に獲得する方法を生み出してきたこと。個体間の相互作用がつくり出す創発現象を見出してきたこと。生命が生態系を築き生き延びてきたように、「ありうる生命」も生態系をつくり出し、集団として進化し得ること。このように個体の進化から協調的な集団の進化へ、人工生命の研究が変化してきたこと。そして、得られた知見を総動員して、人間のイノベーションや地球の進化にみる、終わりなき創造的なプロセスをつくり出すオープンエンドなアルゴリズムの開発を目指していること。

生命は誰かにデザインされてつくられたわけではなく、あくまで世界との相互作用の中から進化し、その中で生きている。生命的なアプローチを取り入れた人工生命は、システムがもつ自律性をうまく利用することによって、新しい環境でも機能することができる。人間がすべてをデザインするよりも、人工生命技術を取り入れたほうが、より環境の変化に適応的で頑健な人工システムにつながる可能性が高い。

近年は、自然な流れとして、ＡＩにも人工生命的な技術が取り入れられている。たとえばこの10年で人工知能の分野で主流となった技術、「深層学習」と人工生命の技術の融合が進んでいる。効率的な学習と性能向上を実現している深層学習と、環境の変化に適応的な人工生命をお互いに補完的に組み合わせることで、それぞれの技術における課題の解決につながっているのだ。

深層学習を取り入れ進化する人工生命

身体と環境の相互作用を取り入れる人工生命にとって、現実世界をどのように取り込むかは重要な問題だ。

これまで、人工生命のモデルの多くは、簡易でかなり抽象化された感覚入力のみを使って、現実世界を捉えてきた。たとえば、視覚の代わりに、光センサーや赤外線センサーを使い、それぞれのセンサーから入ってくる一種類の感覚入力を、モデルに取り込む。抽象化したシンプルな入力を扱っているからこそ、結果の解釈がしやすくうまくいく例もあった。しかし、人や生物が実際に世界を知覚するための視覚イメージと比べると抽象化されすぎているという課題があった。

深層学習を使って世界を捉えることで、この課題に取り組むことができる。

たとえば視覚から入ってくるイメージをそのまま取り込むといった、現実のもつ複雑さを捉えてモデルに生かすことができるのだ。これによって、人や生物が実際に行っていると考えられる学習を、できるだけ単純化することなくそのまま学習することができるようになった。

北海道大学の人工生命研究者、飯塚博幸らは深層学習を使って「空間を認知する」ことができる人工生命エージェントの開発を行っている[1]。

「空間を認知する」能力とは、いま自分がどこにいるのか把握できる、広い駐車場で車を停めた場所を覚えておくことができる、あの建物の角を曲がるとお気に入りのカフェがあると思い浮かべることができる、バットやラケットで向かってくるボールを打つことができる、こうした日常的な何気ない行為を可能にしている人間や生物がもつ能力だ。生まれたての赤ちゃんは、誰からも空間の広がりについて教わることなく、目に入ってくる視覚情報、耳から入ってくる音声情報など、身体を通して得られるあらゆる感覚入力と、手や腕を動かす、歩き、走るといった身体運動から、成長するにつれていつの間にか空間認知能力を獲得していく。

生物の空間を認知する能力が獲得される仕組みを明らかにする際にも、人や生物が実際に行っていると考えられる学習をモデルに取り込むことが重要となる。

そこで、飯塚らは、深層学習を搭載したエージェントに空間を歩き回らせる実験を行った。エージェントは歩き回りながら、視覚として入ってくるイメージを予測するように学習していく。すると、エージェントが、今この瞬間に実際には目に見えていない「心に描くイメージ」をつくり出すように学習していく様子が観察された。予測学習を行っていくだけで、人や生物がもっていると考えられている空間の「認知地図」を形成していく。

空間を認識する仕組みについては、「自分のいる空間」と「その中の自分の位置」の両方を脳内に再構築する神経細胞、つまり「認知地図」をつくるための神経細胞があることが知られている[2]。場所細胞や格子細胞と呼ばれるこうした空間の認知に関係する神経細胞のおかげで、脳内に空間の表象をつくり出すことができると考えられている。しかし、どのような学習の仕組みが、人間や生物の頭の中に空間の表象（イメージ）をつくり出すことを可能にしているのかは、わかっていない。

飯塚の深層学習を取り込んだモデルによる実験は、その仕組みが予測学習を行うというシンプルな仕組みで実現されているかもしれないことを示唆している。同様の方法で、他者の視点を獲得できることも示されていて、まるで赤ちゃんが学習するように学習していく人工生命エージェントをつくり出すことにつながるかもしれない。

ルールを自動学習するセルラー・オートマトン

視覚イメージをそのまま入力として扱えるのは、視覚イメージからタスクに必要な情報を深層学習が自動的に学習しているからだ。学習に必要な特徴を人が与える必要がある、深層学習が登場する以前の一般的な機械学習と大きく異なる点でもある。たとえば、人の顔写真から、年齢を当てるタスクをコンピュータに行わせようとする例でいうと、一般的な機械学習では、年齢を当てるのに関係していそうな画像の特徴――たとえば、シミ・シワの数、キメの細かさ――を人が設計してあげる必要があった。一方、深層学習は写真を入力として与えると、年齢を当てるために必要な特徴を自動的に学習してくれる。

深層学習のこの便利な機能を人工生命に取り入れ、それまで手動で与えられていたルールを自動的に学習できるようにすることで進化を遂げているのが、ノイマンの自己複製マシンやコンウェイのライフゲームでも使われている、人工生命の代表的なモデルであるセルラー・オートマトンだ。

セルラー・オートマトンは、自分自身および回りのセルの状態にもとづいて、自分自身の状態を更新することで、パターンをつくり出す。自己複製マシンやライフゲームでは、この更新ルールは設計者であるノイマンやコンウェイによって与えられたものだ。その中でもライフゲームは、1970年に『Scientific American』という科学雑誌のコラムで紹介された当初、3つのシンプルなルールからつくり出されるパターンの多様性から、世界中にライフゲームの愛好家を生み出した。新しいパターン（ライフフォームと呼ばれる）が次々と「発見」され、コミュニティでシェアされ、50年の時を経た今、新たに発見されるライフフォームはかなり少なくなっているが、それでもなお新しいパターンが発見され続けている。とはいえ、あらかじめ決められたルールを使う必要があるため、任意のパターンをつくり出すための初期値の設定を探し出すのは簡単ではない。

そこで、セルの更新ルールを手動でデザインするのではなく、深層学習を使って自動的に学習できるようにしたの

［fig.7-1］ひとつのセルからトカゲの画像が成長していく様子
Alexander Mordvintsev et al. Growing Neural Cellular Automata, Distill, 2020.よりデモから画像を切り出し引用

が、ニューラル・セルラー・オートマトンだ。画像を入力として与えると、単一のセルから画像全体のパターンを成長させるようなルールが自動的に学習される[3]。たとえば、図はトカゲの絵を入力として与えると、ひとつのセルからトカゲに成長するように学習できる[fig.7-1]。

セルの更新ルールを自動的に学習していることの他に、このアプローチの面白いところは、古典的なセルラー・オートマトンに欠けていた頑健性を獲得しているところである。

Ch.4でもみたように、古典的なセルラー・オートマトンは、1ビットが何かの拍子に0から1、あるいは1から0にひっくり返されたら、自己複製できなくなったり、パターンが壊れてしまったりする。ところが、ニューラル・セルラー・オートマトンは、生物の頑健な自己修復機能をもつようにルールが学習される。たとえば、人間が擦り傷をつくっても、自身の再生能力により壊れた細胞は元に戻ろうとしやがて傷は完治することができるし、トカゲやイモリのしっぽは切れても再び生えてくる。同じように、ニューラル・セルラー・オートマトンも、ノイズに強く、

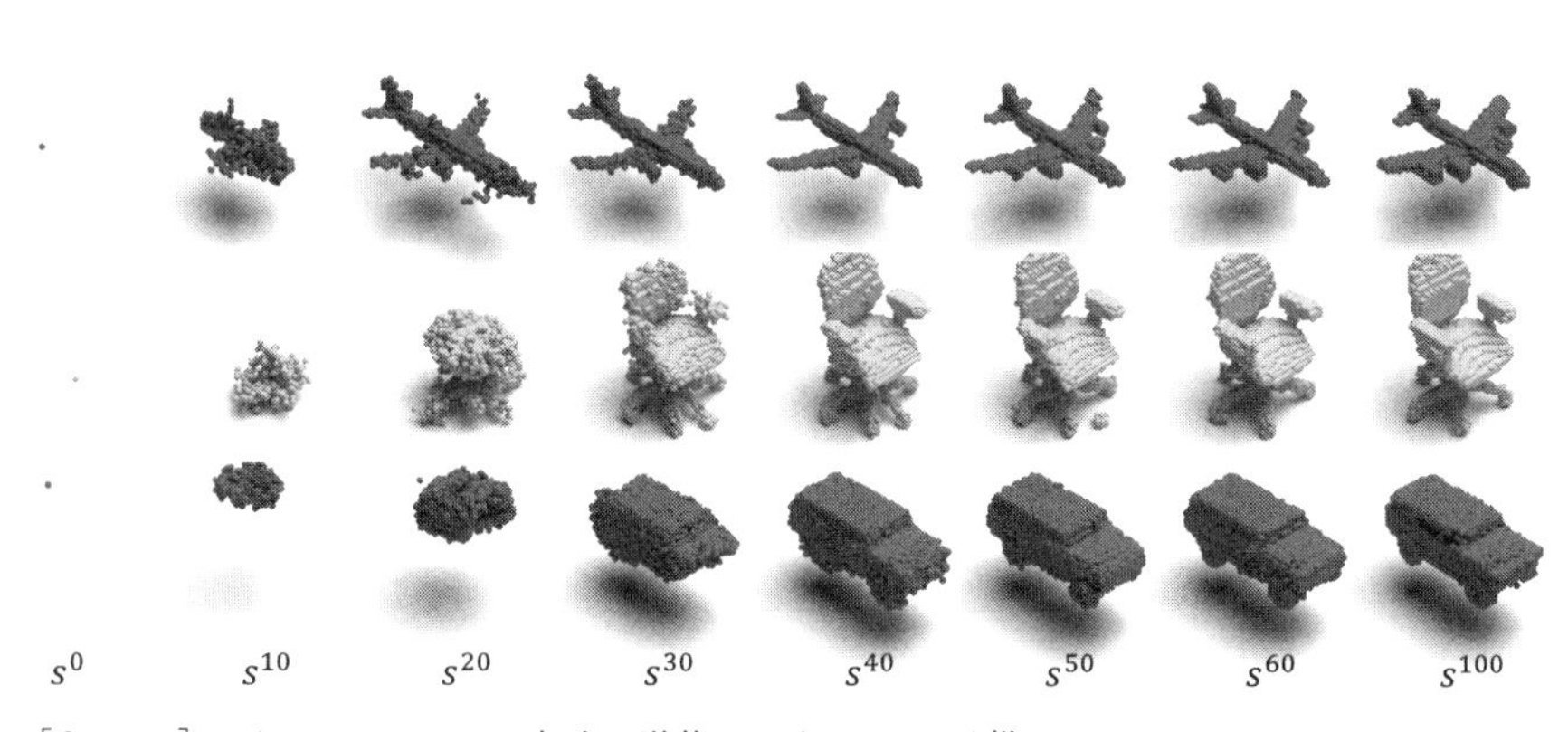

[fig.7-2] ひとつのセルから3次元の形状がつくられていく様子
Dongsu Zhang et al.Learning to Generate 3D Shapes with Generative Cellular Automata, arXiv preprint arXiv:2103.04130, 2021.よりFig.1を引用

ダメージを受けても「自己回復」することができるのだ。
セルラー・オートマトンのこのような発展は、新しい分野への応用を切り拓く。トカゲの絵のような2次元の絵だけをみていると、その応用可能性は定かではないかもしれないが、3次元に応用すると、一気にその可能性が広がる。スマートフォンが高精度化し、深度センサーが搭載されているものも多くなったことで、3Dスキャンもより手軽にできるようになってきている。しかし、3Dスキャンは形状データが疎で、不完全な点で取得されることが多い。3Dスキャンしたデータを、ニューラル・セルラー・オートマトンを使って学習すると、部分的なデータのみから完全な3D形状を復元することができる[4]。図[fig.7-2]は、3Dのデータをニューラル・セルラー・オートマトンで学習させ、ひとつのセルから、3次元の形状がつくられていく様子を示している。

3Dスキャンしたい対象に特化した撮影環境や機材を揃えることなく、スマホで手軽に3Dスキャンした粗いデータからも完全な3D形状をつくり出す技術は、VRやARといった仮想世界でのサービス開発が進む中、今後さ

[fig.7-3] 半分に切られた木が再生する様子(マインクラフト)
Shyam Sudhakaran et al., Growing 3d artifacts and functional machines with neural cellular automata, arXiv preprint arXiv:2103.08737, 2021.よりFig.7(a),(b)を引用

らに注目されていくだろう。

3Dのニューラル・セルラー・オートマトンの技術は、ゲームにも応用されている。たとえば、マインクラフトというゲームへの応用では、半分に切られてもまた成長する木をつくったり、生物のような再生能力をもたせた仮想生物をつくったりすることができる。ニューラル・ネットワーク・オートマトンで学習された仮想生物は、ダメージを受けて一時的に歩けなくなっても、局所的なセル間の相互作用によって元の形に再生し、回復し、また歩き出すことができる[5][fig.7-3]。

このように深層学習のような強力な学習方法を利用することで、人工生命のアプローチを応用できる範囲を大幅に広げることができる。

深層学習の課題を解決する人工生命

その有効性を見せつける深層学習だが、副作用のない特効薬は存在しないように、深層学習も万能薬ではない。モデルや学習アルゴリズムが大規模化、複雑化するにつれて、深層学習の根本的な問題も明らかになってきている。たとえば、人間は気づかない程度の数ピクセルの変更を画像に加えるだけで、認識に失敗することがある。学習の仕方によっては、回転した画像や変形した画像を正しく認識できない場合もある。

こうした深層学習のもつ課題に対して、人工生命の概念を組み合わせることで、より頑健で柔軟な人工システムの実現が可能となる。

たとえば、前述のニューラル・セルラー・オートマトンは、隣接するセルからの局所的な情報だけを頼りに、画像全体を再構成することができるように学習されている。この特性を利用すると、個々のセル、画像の1ピクセルの内容を調べるだけで、画像を分類するタスクを実行することができる[6]。たとえば、次の図で示す例は、0から9までの数字を認識するように学習されたニューラル・セルラー・オートマトンだ（インタラクティブに遊べるデモがウェブで公開されている）[fig.7-4]。

各セルは全体の数字を、隣接するセルと通信しながら認識しようと試みる。そして、時間の経過とともに、0から9のうち、どの数字が最も可能性が高いかというコンセンサスが形成されていく。ローカルな情報のみを使って認識を試みているため、コンセンサスがとれるまでの過程では、ピクセルの位置によっては意見の相違が生じていることもみてとれる。また、ローカルな情報のみを使って決定しているため、途中で数字を変えると、各セルの認識も柔軟に対応することができる。

環境の変化に適応する人工生命

深層学習のもうひとつの大きな課題は、決まった数の入力を、決まった順番で学習させる必要があることだ。モデルもそのようにつくり込まれている場合が多く、入力と出力の対応関係が変化すると機能しなくなることも多い。たとえば、6本足のロボット用に学習された行動を、4本足や5本足のロボットで動かそうとするとうまく動かないことがある。

その原因のひとつは、与えられた特定のロボットの形態に対して、最適な動きをつくり出す「脳」に相当するニューラルネットワークの学習に焦点が置かれることが多いためだ。Ch.2で紹介した脳と身体の共進化の概念を、深層学習を使ったロボットの学習にも応用することでひとつの解決をみることができる。

たとえば、Google Brainの人工知能研究者デイビット・ハーは、深層学習を使って、タスクに適した行動だけでなく、身体の構造も同時に学習できることを示している。さらにタスクにより適した身体を使うことで、より早く行動を学習することができることも示された[7]。

さらに、Ch.5で紹介した、品質多様性アルゴリズムで学習した6本足のロボットのように、ロボットがつくり出す「あり得る形態」をあらかじめ多様に探索しておくことで、足

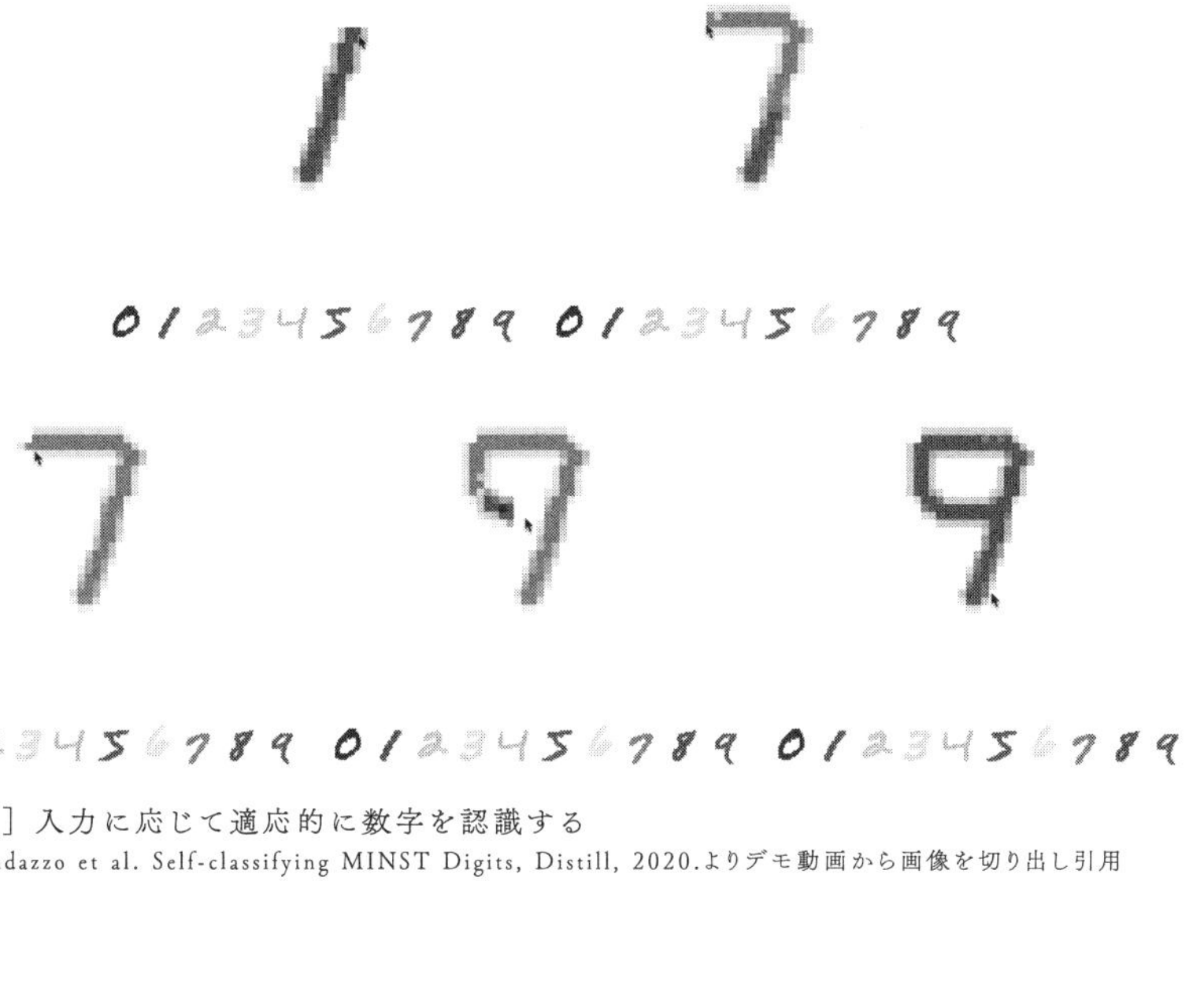

[fig.7-4] 入力に応じて適応的に数字を認識する
Ettore Randazzo et al. Self-classifying MINST Digits, Distill, 2020.よりデモ動画から画像を切り出し引用

が途中で故障したり、入力センサーが故障したりしても、残されたパーツやセンサーのみを使って自力で歩く方法を素早く見つけ出す、適応的なロボットが実現できる。6本足のひとつが故障し動かなくなり、5本足になったロボットが、残された足のみを使って、再び歩ける動き出す様子は、本物の動物を彷彿とさせる[fig.7-5]。

わたしたちが足首を捻挫しても歩く方法を見つけられるように、動物も怪我をすると、足を引きずったり、体重を移動させたりして、その場をしのぐことができる。歩く方法について一から学習するのではなく、それまでの経験に基づくレパートリーをもち、直感に基づいてその中からいくつかの行動を試しながら、怪我をしていても移動する方法を見つけ出すことができる。

品質多様性アルゴリズムによって、多様な動作のレパートリーをロボットにももたせることで、故障にも対応できる適応的なロボットの実現が可能となった。

[fig.7-5] 右前脚が折れたロボット：数種類の行動を試し1分後には再び歩き出す
A. Cully, J. Clune, D. Tarapore, J.-B Mouret. Robots that can adapt like animals. Nature. 521. (7553) 503-507, 2015. 画像はhttps://www.antoinecully.com/nature_press.htmlより引用

少ないヒントから答えを導く人工生命

前述のロボットの動きを学習する分野は、人工知能の中でも特に「強化学習」と呼ばれている分野である。強化学習とは、ロボットのようなエージェントにいろいろな行動を試し、勝てる行動、報酬を得られる行動を学習していくアプローチだ。

人間にも強化学習的な報酬の仕組みが備わっている。たとえば、コーヒーを淹れて飲み、満ちたりた気分になったとしよう。すると、脳は「コーヒーを淹れる」という行動を、報酬につながる行動として認知し、その行動を学習していく。どの行動を取るべきか学習するには、実際にその行動をとってみてフィードバックを得る。そのため、豊富なフィードバックがあるとこの方法はとてもうまくいく。

実際、強化学習と深層学習を組み合わせた「深層強化学習」は、世界ランク一位のプロ棋士に勝利したことで有名な「AlphaGo（アルファ碁）」や、ベンチマークとして有名なゲーム機「Atari 2600」のビデオゲームをクリアすることのできる強力なＡＩツールとなっている。

ところが、報酬が少ない環境、つまり行動が良かったのか悪かったのかフィードバックがほとんど無い状態ではうまく学習できない。たとえば、「コーヒーを淹れる」ためには、豆を挽く、コーヒーの分量を決める、お湯を沸かす、お湯を注ぐ、といった美味しいコーヒーを淹れるために必要な一連の行動がある。コーヒー豆を挽くだけでは、ビデオゲームのようにすぐに報酬が得ることができない。最後のコーヒーを飲む段階になってはじめて、一連の行動に対するフィードバックを得ることができる。このような状況では、深層強化学習は美味しいコーヒーを淹れるための方法を学習できない。

一方、わたしたちは美味しいコーヒーを淹れるための一連のステップを学習することができる。この違いはどこからくるのだろう。答えは単純で、美味しいコーヒーを淹れるためのポイントを覚えておくことができるからだ。そして、重要だと思うポイントでの試行錯誤を繰り返すことができる。

ところが、一般的なＡＩのパラダイムでは、探索の過程でさまざまに見つかる解決策を取っておくアプローチはとられず、その解決策が最終的な目的を達成するのに直接関係がなければ、その解決策は役に立たないものと捨てられてしまう。報酬の少ない環境での学習は、わずかなヒントが重要になるが、それを捨ててしまっているのだ。

人工生命の発散的な探索アルゴリズムを使うと、報酬が少ない環境でも解をうまく学習できるようになる。

品質多様性のアルゴリズムを応用し、問題を解決する方法がわかるまで、ひたすら試行錯誤し、辿り着いた状態と解決策を保存しておく。そして、すでに辿り着いた場所に戻り、そこからさらに探索を始める。戻ってさらに探索することで、最初の探索では試すことがなかった他の解決策を探る。もしより良い解決策が見つかったら、これまでの解決策と入れ替える。これを繰り返していく。美味しいコーヒーを淹れるために、豆をもっと粗く挽いたほうがよかったかもしれない、あるいはもっと均一な粒度になるように挽いたほうがよかったかもしれない、そんな他の解決策を探るのだ。

つまり、「まず戻って、それから探索する」という発散的な探索方法を取り入れることで、報酬の少ない状況でも学習が行えるようになったのだ。「Go Explore」と名付けられたこのアルゴリズムは、これまで解けなかった難しいゲームを攻略し、人間のパフォーマンスを凌駕するスコアを叩き出した[8]。

この成果は、有名な科学ジャーナル『ネイチャー』にも掲載された。質の高い多様な解決策を生み出すことができる品質多様性アルゴリズムのような、オープンエンドな探索の有効性が示された研究成果だ。探索の過程で出会う偶然の産物やセレンディピティを掴むことができる。それを利用して、局所的な最適解に陥ってしまうことをうまく避けることができるのだ。

効率的な学習と性能向上を実現している深層学習と、環境の変化に適応的な人工生命をお互いに補完的に組み合わせることで、より頑健で柔軟な人工システムの実現を可能とする。深層学習と人工生命のアプローチを用いた研究がさらに発展することで、メタバースのような仮想空間でより生命的なアバターをつくることや、現実世界に連れ出せるような頑健な人工システムをつくることが可能になるかもしれない。

より生命的なAI、より生命的な人へ

AIにも人工生命的な技術が自然に取り入れられているのをみると、AIもより生命的な方向に発展しているようにみえる。

進んだ技術が生命性を帯び、人との相互作用によってその発展の仕方が変わるとしたら、技

術との共存においても、人が他人やペットのような生き物との「付き合い方」を学ぶように、技術との付き合い方を学ぶことが必要になってくる。

技術との付き合い方の間違いが生み出す社会課題は、すでにＡＩによっていくつも示されている。たとえば、マイクロソフトの人工知能ボット「Tay」をTwitterに投入し、ユーザとのやりとりを通して言葉を学習させたところ、16時間もしないうちに、Tayは非常に攻撃的なツイートや人種差別的な投稿するようになり、マイクロソフトは運用を取り止めた。その他にも、一見問題のない普通の文章や画像の中にも人種差別やジェンダー差別の傾向が存在することが示されている。Googleの画像ソフトがアフリカ系アメリカ人の画像を「ゴリラ」と誤って分類し、謝罪したことや[9]、Amazonが人工知能を活用した人材採用システムに、女性を差別するというデータに潜むバイアスを学習してしまうという欠陥が判明し、運用を取りやめた例がある[10]。

こうした顕著な例だけではなく、検索エンジンのランキング結果も人々の行動に影響を与えることが報告されている。たとえば、投票候補者がいないと答えていた被験者に、ある候補者が検索ランキングのトップにくるよう情報操作された検索結果を与える実験を行ったところ、トップにランキングされた投票候補者の投票優先順位が高いと答えるようになった[11]。Facebookが大規模に行った社会実験もその例だ[12]。Facebookユーザの一部を、ふたつのグループに分けて、片方にはポジティブなニュース、もう片方にはネガティブなニュースをフィードに流す操作をしたところ、前者のグループではポジティブな投稿が、後者のグループではネガティブな投稿が増える結果となった。検索エンジンの実験でも、操作された結果にさらされた被験者の75%が、操作を認識しておらず、彼らは「自分たちは自発的に新しい考えをもつようになった」と信じる傾向にあった。Facebookの実験に至っては、フィードが操作されていることはユーザに一切知らされることなく実験を行ったため問題となったが、おそらく操作されていたからネガティブ、あるいはポジティブになったというわけではなく、気づかないうちにそのような行動をとっていたと推測される。ＡＩ技術の盲目的な運用は、データに存在するバイアスを増幅させ、人間の自律性に影響を与える可能性を示唆している。

よくある批判に、ＡＩによる問題解決は、なぜそういう答えを出したのかがわからないから満足できない、ブラックボックス化だと批判される。ひとつには機械が膨大なデータを学習し自律的に答えを導き出すという特性上、判断に至った過程が人間にはわからず、問題解決に人間が貢献できないからだ。こうしたＡＩ技術の盲目的な適用は、データに存在するバイアスを増幅させることもある。

ＡＩ技術のブラックボックス化がもたらす社会課題への解決策として、OpenAIによる研究成果やツールのオープンソースの公開[13]、解説記事を発信する試み、日本ディープラーニング協会によるディープラーニング技術を中心とした人材育成などが行われている[14]。

一方、人や環境との相互作用を通した人工生命のアルゴリズムもまた、どのような問題解決が創発してくるかはあらかじめ予測できず、全体としてはじめて正常に働くという意味では、これもブラックボックスである。しかし大きな違いは、問題解決のためのアルゴリズムは、プログラムにも人にもなく、その相互作用の中にあるという点である。人工生命のアプローチは、人や環境とつながり、それらとの相互作用を通してはじめて完成するアルゴリズムである。それゆえに、相互作用の中に人を組み込めば、人が解決にコミットしたという感覚をもてる。ブラックボックスとはいえ、問題解決に人間がオーナーシップをもつことができ、結果に信頼を寄せられる。また、当事者意識をもつことが、世界にコミットしていこうという自律性を向上させることにもつながるのではないかと考えている。

つまり、生命化する技術との付き合い方で、より重要となってくるのは、わたしたちの当事者意識や自律性ということだ。機械学習を用いた予測モデルといったＡＩに判断を委ねるなど、人間の自律性が失われ、より他律的になっているとしたら、尚更だ。

人工生命の研究を進める中で、どのような相互作用がより人間の本来もつ、自律性や「生命性」を向上させ、人間らしく生きることにつながるのか。ノーバート・ウィーナーの言葉を借りれば、「人間が非人間的に扱われること」を避けて、「人間が人間的に扱われる」につながるためにはどうしたらいいか。こうした課題が、今後の人工生命の研究が取り組むべき重要な課題である[15]。

生命化する技術との付き合い方で直面するもうひとつの課題は、人工生命分野の創設者であるクリストファー・ラントンが、分野の立ち上げ当初から指摘していた「新しい生命体を人間が受け入れられるかどうか」という課題だ。人工生命の発展、あるいはＡＩの生命化が進んだ未来に訪れる可能性があるのは、人間とは異なる知性をもった生命体のいる世界だ。それは、「ゼノボット」のような、人間とは似ても似つかない知性をもったものかもしれない[16]。ゼノボットとは、カエルの胚から摘出した細胞からつくられた極小のロボットだ。ソフトロボットのシミュレーションを使って開発され、自己修復し、動き、群れで協力することでき、なんと自己複製もする。ゼノボットに改良が加えられていったときには、「知性」と呼べるようなものが創発してくるかもしれない。そして、それは人間が簡単に理解できるような知性のあり方である保証はない。そうしたものを受け入れるには、人間の意識も変わっていかなければならないだろう。

アメリカの社会学者のモリス・バーマンが、『デカルトからベイトソンへ』の中で、次のような言葉を残している[17]。

未来の文化は、人格の内においても外においても、異形のもの、非人間的なものをはじめ、あらゆる種類の多様性をより広く受け入れるようになるだろう。

このモリス・バーマンの言葉は、人工生命の目指すビジョンを簡潔に表している。多様性を受け入れる世界をつくることに、人工生命の研究が貢献できればこの上なく嬉しい。

この本を手にとってくれた読者の方に、こうした人工生命の可能性を一緒に探っていただきたい。それが本書で伝えたいメッセージである。

参考文献

[1] Wataru Noguchi, Hiroyuki Iizuka, Masahiro Yamamoto, Cognitive map self-organization from subjective visuomotor experiences in a hierarchical recurrent neural network, Adaptive Behavior, 25(3):129-146, 2017.

[2] Marianne Fyhn, Sturla Molden, Menno P Witter, Edvard I Moser, May-Britt Moser, Spatial representation in the entorhinal cortex, Science. 305(5688):1258-64, 2004.

[3] Alexander Mordvintsev, Ettore Randazzo, Eyvind Niklasson, Michael Levin, Growing Neural Cellular Automata, Distill, 2020.

[4] Dongsu Zhang, Changwoon Choi, Jeonghwan Kim, Young Min Kim, Learning to Generate 3D Shapes with Generative Cellular Automata, arXiv preprint arXiv:2103.04130, 2021.

[5] Shyam Sudhakaran, Djordje Grbic, Siyan Li, Adam Katona, Elias Najarro, Claire Glanois, Sebastian Risi, Growing 3D Artefacts and Functional Machines with Neural Cellular Automata, arXiv preprint arXiv:2103.08737, 2021.

[6] Ettore Randazzo, Alexander Mordvintsev, Eyvind Niklasson, Michael Levin, Self-classifying MNIST Digits, Distill, 2020.

[7] David Ha, Reinforcement Learning for Improving Agent Design, Artificial Life, 25(4):352-365, 2019.

[8] Adrien Ecoffet, Joost Huizinga, Joel Lehman, Kenneth O. Stanley, Jeff Clune, First return, then explore, Nature, 590:580–586, 2021.

[9] Loren Grush, Google engineer apologizes after Photos app tags two black people as gorillas, 2015. https://www.theverge.com/2015/7/1/8880363/googleapologizes-photos-app-tags-two-black-people-gorillas

[10] Jeffrey Dastin, Amazon scraps secret AI recruiting tool that showed bias against women, 2018. https://www.reuters.com/article/us-amazon-com-jobs-automation-insight/amazon-scraps-secret-ai-recruiting-tool-that-showed-bias-against-women-idUSKCN1MK08G

[11] Robert Epstein, Ronald E. Robertson, The search engine manipulation effect (SEME) and its possible impact on the outcomes of elections, PNAS, 112(33):E4512-E4521, 2015.

[12] Adam D. I. Kramer, Jamie E. Guillory, and Jeffrey T. Hancock, Experimental evidence of massive-scale emotional

contagion through social networks, PNAS, 111(24):8788-8790, 2014.
[13] OpenAI https://openai.com
[14] 日本ディープラーニング協会 https://dlfordx.jp/
[15] Norbert Wiener, The Human Use Of Human Beings: Cybernetics And Society, DaCapo Press, 1988.
[16] Sam Kriegman, Douglas Blackiston, Michael Levin, Josh Bongard, A scalable pipeline for designing reconfigurable organisms, PNAS, 117(4):1853–1859, 2020.
[17] モリス・バーマン 著／柴田元幸 訳『デカルトからベイトソンへ—世界の再魔術化』（文藝春秋、復刊版、２０１９年）

おわりに

16歳のとき、イタリアに単身留学した。ロクに英語も喋れずに単身留学したため、ホームシックにもなり心細い日々を送っていた。そんなとき救われたのが、インターネットを通じた家族とのやりとりだ。

1996年当時、インターネットが普及し始めていたが、電話をするには1分数百円もする国際電話しか方法がなく、日本とのやりとりはもっぱらメールだった。2年の留学期間のうちあっという間に1年目が終わり、新学期が始まるまでの3ヶ月間の長い夏休みを、日本に帰国して過ごすことにした。すると、今度は学校の友人たちが恋しくなった。休みのあいだは、その当時もっとも使われていたチャットアプリICQでチャットするのが楽しみで仕方なかった。LINEのような音声通話アプリは登場しておらず、タダで電話することができたらどんなに素晴らしいかと、インターネットがもたらす無限の可能性に思いを馳せていた。

2年の留学期間を終え、筑波大の情報学類（現、情報科学類）に進んだ。留学するまでは弁護士を志していたのだが、インターネットに触れ、もっと情報分野について知りたくなったのだ。とはいうものの、それまでプログラミングに触れたこともなく、四苦八苦しながらなんとか大学のレポートをこなす日々が続いた。そんな中、インターネットの技術は日進月歩で発展していた。大学に入学した1998年には、Googleが登場し、AOLが運営するAIMというチャットアプリでは音声チャットも可能になった。その後もSkypeや各種ブログ、mixiといったＳＮＳ、新しいサービスが次々と登場していき、夢見ていた世界がどんどんと現実化していった。

大学院の修士課程に進むことにし、どこに行こうかと研究室のサイトを眺めていたところ「世界に通じる研究者を育成します」というスローガンに惹かれ、ここに行こうと決めた。オペレーティングシステムとシステム・ソフトウェアの研究室——その後、博士課程までお世話になった加藤和彦教授の研究室——である。コンピュータの要となるオペレーティングシステムに関する研究がメインテーマで、腕に自信のあるハッカー的な人たちが集まっていた。わたしの修士研究も、コンピュータでプログラムを安全に走らせるための仕組みを提案するものだった。インターネットに関する研究からはかなり離れてしまっていたが、研究室にはプログラミングやコンピュータが大好きな人たちばかりが集まっていて、プログラミングへの苦手意識をなくすという意味で、非常に恵まれた環境だった。修士論文のテーマに取り組む中で、考えたアイデアを実装し、発表を通じて議論しながらより良いものにしていく「研究」の世界にも興味をもった。

大学院の博士課程に進み、もともとやりたいと思っていたインターネットに関する研究に着手した。博士課程に進学した２００３年当時、ブログが登場し、研究のためのブログデータも公開されていた。そこで、手はじめにブログデータから流行っているトピックを抽出するアルゴリズムの開発に取り組み、学会で発表する日々を送った。

そんなとき、Googleがインターンを募集していることを知った。Googleの日本支社が設立され、新しく日本でもインターンを募集し始めたのだ。これはチャンスと思い、応募してみたところ運良く採用され、アメリカのマウンテンビューにあるGoogle本社に2ヶ月間派遣された。憧れていた世界が目の前にあることに興奮しながら毎日を過ごした。どこを見回しても凄腕のエンジニアばかりで、世界中から集まってくるインターンの学生もとてつもなく優秀にみえた。同時に、世界的なＩＴ企業と日本の大学における圧倒的な研究環境の差を見せつけられた。本社のキャンパスの中心には、砂場のバレーボールコートがあり、いつでもお菓子や飲み物が充実しているカフェスペースが至るところに設置され、夕方になるとオフィスにあるビリヤードをしながら談笑する人々。いうまでもなく、日本の大学では到底アクセスできない、豊富なデータと計算リソース。アルゴリズムを開発しても、それを実装するべきサービスをもたない大学と、世界中の人が使うサービスにつながるGoogle。大学で研究をしていくときに何をすべきか改めて考えさせられた。企業ではできないような視点での研究をすべきではないのか。

一方で、情報分野のつまらなさも感じ始めていた。その当時、情報研究における目標の多くが、認識精度や処理速度の向上を目指すものだったからだ。新しいアルゴリズムを考え、ベンチマークで評価し、既存手法と比べて精度を競う。つまり、効率化や最適化が最も重要な課題とされていた。たとえば、機械学習により検索エンジンの精度を上げる、画像の分類精度を上げるといった課題がその典型例だ。そんなエンジニアリング的な思考や価値観にどっぷり浸かりつつも、もっと面白い方向性があるのではないかと模索していた。

そんなことを考えていたときに出会ったのが人工生命だ。博士課程を終えてポスドクとして勤務していた東京大学で進めていたプロジェクトがきっかけだった。何かこれまでとは別の視点を研究に取り入れようと思い、インターネットのデータを集めて「場のデザイン」に活かすというプロジェクトに取り組んでいた。Twitterのデータと位置情報を結びつけ、そこで語られている言葉から人々が潜在的に求めている行動を抽出して地図に可視化する。その情報をもとに、デザインを専攻する学生さんと共に場のデザインを考えるというワークショップを開催していた。

プロジェクトの成果を発表するために参加していたシンポジウムで、東京大学の人工生命研究者、池上高志先生によるプレゼンテーションを聞き、はじめて人工生命という分野を知った。同時期に興味をもっていた「ウェブリイエンス」の分野の目的とも合致し、これこそわたしがやりたかったことだと直感した。シンポジウムでの縁を皮切りに、池上研究室のゼミに参加するようになり、人工生命の研究が始まった。

アメリカとヨーロッパで、それぞれ隔年に開催されていた人工生命の国際学会にも毎年参加するようになった。学会の雰囲気はこれまで参加したどこよりも、学際的だ。ある発表では、プログラムがつくり出す仮想世界の生命性が語られ、他方では、化学反応がつくり出す生命性について議論されている。学際的な人工生命の学会には、どこにもまだ属さない新しい研究が集まってくる。目的が確立している各分野では、分野を跨ぐ学際的な研究は受け入れられないことが多いせいだ。そのためか、人工生命研究者は新参者を温かく迎えてくれる人が非常に多い。わたしも、そうして受け入れてもらったひとりだ。また、分野の常識にとらわれず、新しい概念や体験を生み出そうとする人も多い。オープンエンドな進化をつくろうという試みも、そうした雰囲気が支えている。

人工生命研究や、研究者たちを知れば知るほど、この分野のファンになっていった。そして、人工生命の面白さをもっと多くの人に知ってもらい、その可能性を一緒に探求していきたいと思うようになった。国際学会の参加者は毎年200名から300名程度の小さなコミュニティである。日本人の参加者はその中でも割合は多いほうだが、それでも、十数名だ。

もっと多くの人にこの魅力を伝えるための活動が必要だと思い、人工生命を題材にしたワークショップやシンポジウムの開催、人工生命のアルゴリズムについて解説する本を共同執筆した。そして、2018年には東京で人工生命国際会議も開かれた。2021年には人工生命研究会を立ち上げ、日本を中心に研究活動する人工生命研究者を一同に介した議論の場をつくった。『Artificial Life Journal』（人工生命論文誌）のアソシエイトエディターにも任命され、人工生命の研究にもより貢献できるようになった。

そうした啓蒙活動を進める中、2012年頃から世界はもちろん日本でも人工知能がどんどんと盛り上がっていった。技術の進歩と共に、人間の仕事が人工知能に奪われるのではないかといった議論も噴出し、技術者や研究者だけでなく多くの人が人工知能を「自分ごと化」した。人工知能に関するニュースや著書も多数出版され、一般認識も高まっていった。その中には、ときおり人工生命をベースとする技術も混ざっていた。それらはすべて人工知能として紹介される。それでも特に誰も困らないし、専門家以外からみれば、人工知能であろうが人工生命であろうがたいした差はない。

しかし、もともと人工知能の分野に身を置き、人工生命の研究に魅せられたわたしからみると、その根底にある思想や世界観の差は大きい。そして、それを少しでも多くの人に伝えたい。

人工知能が一般的に広まった今であれば、人工生命に興味をもってくれる人も多いはずだ。人工生命に関する書籍はいくつかあるが、人工知能に関する書籍に比べると圧倒的に少ない。そしてそのほとんどは、2000年前後のものだ。

最近の話題を含めた本を書くことで、わたしがそうだったように、この分野の魅力を今だからこそ伝えられるのではないか。そう信じて、本書の執筆に至った。この本を通してひとりでも多くの人に人工生命の魅力や可能性が伝わり、この分野を応援してくれる、あるいは一緒に推し進めたいと思ってくれる人が仲間に加わることを願っている。

謝辞

本書を執筆するにあたってたくさんの方にお世話になった。

まず、企画から執筆まで、寄り添いながら常に適切なフィードバックをくださったＢＮＮ編集部の石井早耶香さん、本書のブックデザインを手掛けてくださった上坊菜々子さん、レイアウトを担当していただいた次葉の玉造能之さん、筆が進まないときにいつも議論に付き合ってくださった永松舞子さん。皆さんのサポートがあって完成した本である。心よりお礼申し上げたい。

本書のベースとなっているのは、東京大学の池上高志さんや会津大学の橋本康弘さんとの10年間にわたる共同研究である。彼らとの共同研究がなければ、この本の誕生もなかっただろう。池上さんには日頃から議論・活動を共にさせていただくと共に、本書の執筆にあたってもさまざまな助言をいただいた。また、橋本さんには、東京大学でのデザインプロジェクトに始まり、ウェブサイエンス研究会、人工生命研究会などの活動を共にさせていただいており、いつもさまざまな角度から支えていただいている。池上さん、橋本さん、お二人に、心よりお礼申し上げたい。

人工生命の研究を行うきっかけとなったデザインプロジェクト「pingpong」に一緒に取り組んだ、李明喜さんや仲間たちとの議論が、今の研究や活動の根幹にある。プロジェクトを通じたさまざまな人々との出会いに心から感謝したい。

ゲラの段階で原稿に目を通して、大変有益なフィードバックをいただいた早稲田大学のドミニク・チェンさん、名古屋大学の鈴木麗璽さん。丁寧なフィードバックをいただき、本書に深みが生まれた。心より感謝申し上げたい。また、最終章で述べている人工生命の目指す世界観は、JST・RISTEX「人と情報のエコシステム」採択の企画調査プロジェクトを通じたチェンさん、池上さんとの議論の中で生まれた視点である。

鈴木さんをはじめ多くの人工生命研究者の方々との研究会や国際学会を通して知り合った人々とのつながりは、かけがえのない財産である。特に、人工生命の研究コミュニティ関連では、佐山弘樹さん、有田隆也さん、セス・バロックさん、マーチン・ハンジクさん、マーク・ベダウさんをはじめ、国内外の多くの方々に温かく受け入れていただいた。みなさんとの出会いから生まれた新たな発見や気付きが、学び続ける原動力となっている。また、池上研究室のオラフ・ヴィトコフスキさん、ジュリアン・ヒューバートさん、松田英子さん、丸山典弘さん、升森敦士さん、小島大樹さん、土井樹さん。すべてのお名前を挙げることはできないが、研究室での研究議論は、常に新しい視点をわたしにもたらしてくれている。

研究の遂行にあたり、データを提供してくださったルームクリップ株式会社の髙重正彦さん、平山知宏さん、クオン株式会社の武田隆さん、八木優希さんに、厚くお礼申し上げたい。

そして、日頃の研究活動に一緒に取り組んでいる岡研究室の学生メンバーの皆さん、同僚の阿部洋丈さん、学生時代の指導教官でもある加藤和彦先生、研究室の活動を支えてくれている島田千晴さんに、あらためて感謝の意を記したい。

最後に、両親と家族に。情報分野に進んだのは、同じ分野の研究者である父に背中を押してもらえたことが大きかった。また、自分が面白いと思うものを、皆と共有したいという性格は、母から譲り受けたものだと感じている。そして、いつも新しいチャレンジを応援してくれる家族。家族の力なくして、本書は完成をみなかっただろう。心から、ありがとう。

２０２２年２月　岡瑞起

岡瑞起 (Mizuki Oka)

研究者

筑波大学システム情報系 准教授／株式会社ブランクスペース技術顧問。2003年、筑波大学第三学群情報学類卒業。2008年、同大学院博士課程修了。博士（工学）。同年より東京大学 知の構造化センター特任研究員。2013年、筑波大学システム情報系 助教を経て現職。

専門分野は、人工生命、ウェブサイエンス、データサイエンス。人工知能学会にて「人工生命研究会」の主査。人工知能学会編集委員。人工生命の国際論文誌『Artificial Life Journal』アソシエイトエディター。（独）情報処理推進機構未踏IT人材発掘・育成事業プロジェクトマネージャー。人工知能学会「現場イノベーション賞」、情報処理学会「論文賞」「山下記念研究賞」など受賞多数。

人工生命技術、機械学習、深層学習を使ったデータ分析・活用の研究を行う。大学での研究をベースに、新しい技術の社会実装に力を入れている。共著書に『作って動かすALife―実装を通した人工生命モデル理論入門』（オライリージャパン）がある。

ALIFE｜人工生命　より生命的なAIへ

2022年3月15日　初版第1刷発行

著　者　岡瑞起

発行人　上原哲郎
発行所　株式会社ビー・エヌ・エヌ
〒150－0022
東京都渋谷区恵比寿南一丁目20番6号
メール　info@bnn.co.jp
FAX　03－5725－1511
www.bnn.co.jp

印刷・製本　シナノ印刷株式会社
ブックデザイン　上坊菜々子
レイアウト　次葉
編集　石井早耶香

ISBN978-4-8025-1126-1